烟叶采烤疑难问题解析实例 100 问

于纪刚　苏建东　刘伟　孟霖　等/著

U0257273

中国农业出版社

北　京

图书在版编目（CIP）数据

烟叶采烤疑难问题解析实例 100 问 / 于纪刚等著. 北京：中国农业出版社，2025. 1. -- ISBN 978 - 7 - 109 - 33063 - 4

Ⅰ. TS44 - 44

中国国家版本馆 CIP 数据核字第 2025S1E198 号

烟叶采烤疑难问题解析实例 100 问

YANYE CAIKAO YINAN WENTI JIEXI SHILI 100 WEN

中国农业出版社出版

地址：北京市朝阳区麦子店街 18 号楼

邮编：100125

责任编辑：郭银巧　　加工编辑：李瑞婷

版式设计：王　晨　　责任校对：吴丽婷

印刷：中农印务有限公司

版次：2025 年 1 月第 1 版

印次：2025 年 1 月北京第 1 次印刷

发行：新华书店北京发行所

开本：880mm×1230mm　1/32

印张：3　插页：4

字数：97 千字

定价：25.00 元

著 者 名 单

主 著	于纪刚	苏建东	刘 伟	孟 霖
副主著	管志坤	黄择祥	王金亮	时 军
	战 军	王 鹏	胡希好	张剑波
	马传东			
参著者	王世建	谭青涛	丁志勇	王耀斌
	刘新翠	丁蓬勃	张喜峰	王 柯
	谭效磊	王玉华	孟令锋	叶礼霆
	伍小华	赵福彬	刘宗霞	邰振益
	赵忠利	孟宪进	杜本林	刘 阳
	赵玉松	史泽兴	陈连军	王义玲
	杜秀春	杨 伟	范晓林	李满圆

序

江山万里春又发，漫卷如画。陌上佳禾，碧色酽于二月花。烟陇胶东今胜昔，淘尽沉沙。待到望秋，引风托金送农家。

青岛烟区自 1973 年开始试种烤烟，具有悠久的植烟传统和历史。青岛是全国 36 个重点城市中 3 个植烟市之一，也是全国首批 14 个沿海开放城市中唯一一个种植烟叶的城市。青岛烟区在城市工业化发展浪潮中，坚持"以诚取信、以质取胜"的植烟理念，按照"小而精，彰特色"的发展定位，踔厉奋发，赓续前行，努力走出了一条在经济较发达地区种植烟叶的高质量发展之路。

烟叶采收烘烤是烟草农业生产中至关重要的一环，直接关系到烟叶的质量和工业适配性。近年来，山东青岛烟草有限公司坚持粮烟经饲产业融合发展的理念，持续加大与中国农业科学院烟草研究所的科技合作，充分发挥青岛烟区的市场优势与区域优势，共同破解困扰烟区"谁种烟？如何种？怎么种？"的难题，促进烤烟面积稳定、烟农队伍稳定、烟叶品质提升、种植效益提升，推动青岛烟叶高质量发展，助力乡村振兴。目前，青岛烟区依然存在烟叶长好而烤不好的现象，如烤后下部烟叶身份偏薄、油分不足，上部烟叶青筋杂色、结构紧密、叶片僵硬、颜色欠鲜亮、刺激性较大、香吃味不足的质量"短板"。为此，山东青岛烟草有限公司与中国农业科学院烟草研究所共同在烟叶采烤环节开展了"青岛烟区烤烟生产优化结构关键技术研究""减少杂色挂灰烟关键采烤技术研究与应用""青岛烟区烟叶带茎烘烤法采烤技术研究与应用""基于提质降本的关键采烤时段差异化研究与推广"等项目研究，通过"采烤疑难杂症实例解析及本土化验证"科技项目形式，全面挖掘近年来研究成果，制定出针对不同类型烟叶的"黄亮软"精准烘烤工艺，在验证基础上推广应用于烟叶生产，为青岛烟区烟叶外观质量与内在品质的大幅提升发挥了重要支撑作用。

本书以青岛烟区为基础，结合山东、陕西、四川、福建、辽宁、吉林、黑龙江等产区的技术咨询、技术培训、技术指导过程中发现、收集的具有广泛代表性的技术问题，从烟株营养、气候状况、成熟采收、风机风速、温湿度调控、镁元素补充等角度入手，对烟农的疑惑问题进行了全面翔实解析，提出了行之有效的解决方法，针对性和操作性较强，贴近烟叶采烤现场实践，并能"按文索骥"，快速查找到解决问题的方法。

"千淘万漉虽辛苦，吹尽狂沙始到金。"衷心感谢为本书撰写付出辛勤劳动与智慧的研究团队，期望本书能够为广大读者提供有益的参考和指南，进一步推动我国烟叶采收烘烤水平、烟叶质量特色的全面提升与进步，促进烟农增收致富！

2024 年 3 月 6 日

目 录

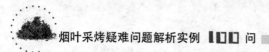

一、烤房篇

烤房是烟叶烘烤所必需的加热、调湿的专用设备，包括加热室与装烟室两部分以及加热系统、排湿系统、控制系统等。它在烘烤过程中提供烟叶调制所必需的温度、湿度和通风等工艺条件，其性能直接关系到烟叶烘烤的成败，是烤好烟叶的重要基础保障。密集烤房设施设备倘若发生故障，将严重影响烟叶烘烤质量、等级结构与经济性状。

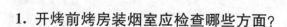

1. 开烤前烤房装烟室应检查哪些方面？

（1）房顶、墙体是否有开裂缝隙及损伤，或房顶是否存在塌陷。

（2）烤房门密封条是否脱落与损坏，门板是否开闭自如及破损，门板合页是否变形或锈蚀。

（3）观察窗四周密封性是否完好，玻璃是否完整且洁净。

2. 开烤前烤房控制设备应如何检查？

（1）对温湿度自控仪进行检查　首先检查线路是否连接正确，显示屏是否正确显示烘烤参数，相关按键是否操作灵敏。对于存在故障的，及时修复或更换。温湿度自控仪应挂置在干燥、防雨的合适位置，避免外界因素对设备造成损坏与干扰。

（2）对干湿球传感器进行检查　传感器由热敏电阻制成，4～5年即可能损坏或误差加大。使用前先放在热水中测定两个感温头是否显示一致，若数值相同，表明性能良好，若数值存在差异，说明已损坏，必须立即更换。

装烟前，首先检查传感线是否完好，水壶是否灌满清水，纱布是否洁净并放入水壶且吸水良好。装烟时确定好传感器正确悬挂位置：距隔热墙2.0米，距装烟室右侧或者左侧墙壁1.0米，传感器感温头同叶尖平齐或距叶尖下垂2～3厘米。气流下降式烤房温湿度主控位置在顶层，气流上升式烤房温湿度主控位置在底层。

（3）对助燃鼓风机进行检查　检查线路是否连接正确与安全；鼓风机是否运转正常；放置是否平稳与牢固，并放置在干燥、防雨的合适位置。

3. 开烤前烤房通风排湿设备应如何检查？

（1）对循环风机进行检查　首先检查线路是否连接正确与安全，查看循环风机安装位置是否移位或松动，检查电机支架与电机风叶是否安装紧固、无松动，查看叶轮是否存在变形，电机是否产生异响或发出缺少润滑油的声音（可对电机转动声音进行判断），以保障风机运转正常。

（2）对冷风进风门进行检查　查看线路是否连接正确与安全，电机空转时是否开闭灵活，门板是否损坏或变形。门板开启不顺畅可在转轴处涂加润滑油，对于门板和电机损坏的，及时修复或更换。

（3）对排湿百叶窗进行检查　查看百叶窗是否闭合严密、不留缝隙，检查叶片是否变形或脱落，排湿空转时百叶窗是否开闭灵活。对于变形与损坏的叶片，及时修正或更换。

（4）对排湿通道进行检查　查看排湿口位置是否堆放杂物，排湿口地势是否下陷使得暴雨产生倒灌，排湿口上方是否具有防雨功能设施。排湿通道严禁堆放炉灰与煤炭，防止粉尘飞扬侵入烤房。

4. 开烤前烤房加热设备应如何检查？

（1）对炉膛进行检查　注意检查炉门是否变形、锈蚀或损坏，炉门把手与石棉压条是否脱落，炉膛内耐火砖和炉栅是否开裂或断裂。在烧火或清灰过程中，要避免火钩、铁锹与耐火砖的碰撞，防止人为损坏炉膛耐火内衬。

（2）对换热器（散热器）进行检查　查看散热器清灰门关闭是否严密，清灰门石棉条是否完好压入槽内，换热管与火箱是否使用专用清灰耙全面清理干净。若出现漏烟时，需要更换石棉条或用耐火水泥封堵，确保换热器密封不漏烟。

（3）对烟囱进行检查　查看散热器与烟囱套接是否严密、牢固、不漏烟，烟囱是否变形、锈蚀或损坏，烟囱内积灰是否清理干净。在检查烟囱时，对清灰门一并查看。

（4）对供热室进行检查　首先查看墙体是否存在裂缝及损伤，检查换热器和风机检修门是否关闭严密，查看检修门密封条是否完好或脱落。确保密封性好、不跑冒漏气。

（5）对自动加煤加料设备进行检查　查看线路是否连接正确与安全，电机空转运行时螺旋推送杆是否转动自如，煤块或生物质颗粒大小是否符合要求，加煤或加料仓斗上方是否设置防雨导烟罩。若螺旋推送杆转动不顺畅，可在转轴处涂抹润滑油，以保障加煤加料运行不停顿。

（6）定时清理积灰，全面做好密封检查　烘烤前或每烤2炉后都要无死角清除炉膛、换热器、烟囱积灰，以消减对供热设备的腐蚀，提高热传导效率。清理时，打开左右火箱上的清灰门，用清灰耙将火箱、换热管内壁的积灰清理干净。炉顶内壁的积灰采取敲打震动的方法使其自行脱落，对于烟囱内的积灰，要先卸掉横向烟囱外端的清灰门后再进行清理。清灰结束后，把火箱、烟囱的清灰门关闭密封，并在炉膛内点火沤烟，查看火箱、烟囱的清灰门是否存在跑冒漏烟现象。

5. 烘烤结束后烤房设备如何维护保养？

（1）加热设备　加热设备是密集烤房的核心与关键设备。为保障加热设备处于良好的工作状态，延长使用寿命，降低运行和维修成本，必须对加热设备进行维护保养，以保证加热设备发挥良好工作效能。

① 炉膛清理维护。首先将炉膛内的炉渣清理干净，检查耐火材料内衬是否存在破损或裂碎，若有破损及时更换，并用耐火水泥固定封牢。然后将块状生石灰置于炉栅上，并密封炉门和灰坑，确保炉膛密封干燥，防止炉膛内壁锈蚀。

② 换热器整体维护。首先将换热管与换热箱内的积灰清理干净，然后把块状生石灰放入换热箱中，封严左右两侧清灰门，确保换热器内干燥密封。

③ 加热设备表面维护。查看加热设备表面防护漆是否氧化脱落，若出现局部防护漆脱落，及时补刷维护。炉门与灰池门的活页转轴用机油涂抹，以防锈蚀。

④ 烟囱保养维护。烟囱内壁的积灰清理干净后，用塑料布将烟囱口包实扎严，防止透风进雨。烟囱外露金属部分用机油涂抹，防止锈蚀。

（2）自控设备　烘烤结束后，将温湿度自控仪及时拆卸，取出电池，并与传感器、电源线一并清洁，用防潮材料包装严密，放置在通风干燥的荫蔽处。

（3）风机电机　烘烤结束后，打开电机轴承保护罩，加注≥120 ℃的高温润滑油，并保障每年维护 1 次。

（4）鼓风机　烘烤结束后，清理风叶残留的异物与表面污物，于轴承处涂抹黄油或机油进行防锈处理，用纸盒或密封包装存放。

（5）自动加煤加料设备　烘烤结束后，清理加料仓斗中残留的煤块或生物质颗粒，于螺旋推送杆或轴承处涂抹黄油或机油进行防锈处理，加料仓斗用防潮材料包实扎严，防止漏风进雨受潮。

二、采 收 篇

　　烟叶成熟度是烟叶质量的基础与最重要的品质因素,是烟叶品质的核心,是烤烟内外在质量和分级标准的第一要素,关系着烟叶烘烤过程的成败,直接影响着烟叶品质与等级结构以及经济效益。各部位达到采收成熟标准是烟叶调制加工的基础条件,田间成熟度好的烟叶易烘烤,香气和吃味均趋于理想。未熟或过熟烟叶难以烘烤出高质量、适配性强的优质烟叶原料。

1. 影响烟叶成熟度的主要因素有哪些?

烟叶成熟度与品种、营养、气候、部位等密切相关,主要包括以下几方面。

(1) 气候条件 烟叶成熟需要充足的光照、较高的温度及半干旱(田间相对持水量达 65%～70%)的气候条件。烟叶生长发育的最佳温度为 25～28 ℃,若温度低于 20 ℃,烟叶内含物的转化和积累将会受到抑制,烟叶难以达到正常成熟。如果烟叶成熟期温度过高、光照过强、干旱严重,烟叶易出现"旱黄"假熟现象,烤后易造成下部烟叶青筋糟片和上部烟叶青筋杂色(主要是挂灰)。如果成熟期阴雨寡照,烟叶含水率大,干物质积累少,含氮化合物含量偏高,烟叶成熟落黄缓慢,成熟特征不明显。中、下部烟叶耐烤性变弱,烤后烟叶易产生杂色且片薄色淡。成熟期温度越低,烟叶内外在品质越差。

(2) 营养水平 在营养水平低和天气干旱的条件下,烟叶会发育不全、生长不良,烟叶会产生因缺水脱肥落黄的"饿黄"假熟。若种植在肥力差、沙性强的土壤上,烟叶较薄、成熟较快,叶片不耐成熟,当叶色由绿色变为均匀黄绿色时应及时采收。若施肥过量,营养水平高,尤其氮素营养偏高,氮磷钾比例失调,或施肥时间过晚,或因缺水肥效发挥时间晚,烟叶进入成熟期土壤仍继续供给氮肥,将导致烟叶"贪青"晚熟,甚至叶色浓绿,粗筋暴脉,烟叶难以落黄成熟("后发烟")。这类烟叶成熟落黄慢、较耐成熟、叶面多有皱褶,应在叶面表现出充分成熟特征时采收。否则烘烤时变黄、失水缓慢,烤后烟叶颜色深暗,多有青筋杂色叶片。

(3) 种植密度 烟株必须具有适宜的群体密度才能保证通风透光和烟叶正常成熟。在烟田密度过大和营养过多的条件下,烟株生长旺盛、叶片含水率高、干物质积累少,叶色深绿,下部烟叶易产生"底烘"现象,应在叶色稍褪绿转黄时立即采收。若密度大、施肥多、打顶早、留叶少,将影响中部烟叶的通风透光、干物质积累及落黄成熟。

(4) 打顶抹杈 打顶可抑制烟株生殖生长,使养分集中供应叶片,由根合成的烟碱在叶内积累,增加烟碱的含量和叶片厚度,并使烟叶提早成熟。若打顶过重、留叶过少，烟叶往往落黄缓慢、推迟成熟。若不打顶或打顶过晚，叶内营养物质大量用于生殖生长，导致叶片内含物质不充实，易出现中、下部烟叶发黄的假熟现象，烟叶耐烤性趋于变弱。

（5）品种区别　不同品种的叶片数量多少不一，叶片含水率、成熟特征、落黄程度、烘烤特性同样存在一定差异。一般颜色浅、叶片薄、含水多、变黄快的品种不耐成熟，不耐烘烤，只要显现成熟特征就要及时采收。若叶色较深、叶片较厚、成熟慢且耐成熟，一般烘烤时变黄、失水慢，在烟叶充分显现成熟特征时再采收。

（6）部位差异　下部烟叶处于光照通风差、相对湿度较大的环境条件下，营养物质不断向上部生长的叶片输送，尤其在不良条件下（如脱肥、干旱、密度大、留叶多、降水频繁等），往往下部叶片薄、干物质少，烟叶成熟快、成熟期短，当叶色由绿变成黄绿、茸毛稍褪、主脉略白时"提早采收"，以避免养分消耗过多，影响烟叶耐烤性。中部烟叶处于光照通风充足、相对湿度适中的位置，叶片生长发育均匀、含水率和干物质积累适中，应在叶面 80%～90% 变成浅黄色或有拇指般大小的淀粉斑，叶面略皱，主、支脉变白发亮，叶尖下垂时"适熟采收"。上部烟叶处于通风透光最佳的位置，在植物营养顶端优势的作用下，叶片组织紧密、叶片厚实、成熟缓慢，应在叶面明显起皱、黄斑黄泡显现，基部和叶耳发黄，主、支脉变白发亮，叶片下垂时"完美充分成熟采收"。

2. 田间烟叶成熟档次如何划分？

根据烟叶在田间的生长发育状况与成熟程度及烤后烟叶质量特点，通常将烟叶成熟度划分为未熟、尚熟、成熟、过熟和假熟五个档次。

（1）未熟　烟叶生长发育接近完成，干物质尚欠充实，叶片呈绿色（即旺盛生长期）。烟叶烤后出现两种结果，一是在高温快烤下形成青烟，二是在低温或正常慢烤下形成黑糟烟，失去商品使用价值。

（2）尚熟　烟叶完成生长发育，干物质积累最多，开始呈现某些成熟特征（即生理成熟期）。烟叶烤后易出现青黄烟（青筋黄片、青筋青片），若延长变黄前、中期的稳温时间，烤后烟叶一般表现出主脉 1/3 含青及主脉两侧叶片含青，叶尖部与叶基部的厚度、色度不均匀，叶面平滑。

（3）成熟　烟叶在生理成熟后，内含物开始逐渐分解转化，化学成分趋于协调，外观呈现明显的成熟特征（即工艺成熟期）。烟叶烤后颜色橘黄且均匀，疏松度、柔软度、油润度较好。

（4）过熟　烟叶在成熟后未及时采收，内含物消耗过度，叶片变薄，叶色变淡，呈现黄白色，甚至枯尖焦边（即衰老期）。烟叶烤后身份变薄、颜色变浅、单叶重降低、油分不足、叶面干燥，且下部烟叶易烤糟，中上部烟叶易挂灰。

（5）假熟　由于营养不良（缺肥，饿黄烟叶）、光照不足（遮蔽严重，捂黄烟叶），或天气严重干旱（旺长期缺水，旱黄烟叶）和涝渍（旺长期降水过多，水黄烟叶）等，烟叶未达到成熟而叶面呈现黄色。饿黄烟叶烤后片薄色淡，捂黄烟叶烤后青杂黑糟，旱黄烟叶易挂灰，水黄烟叶易糟片或糟尖糟边。

3. 鲜烟成熟度对烤后烟叶香吃味有哪些影响？

（1）成熟度是影响烟叶香吃味的重要因素　香气物质成分在烟叶成熟过程中含量的多样性反映了烟叶香吃味质量形成的复杂性。烟叶成熟度不同，香气物质的积累和含量则明显不同。

（2）基本遵循成熟度好的烟叶香味成分含量比成熟度差的烟叶丰富规律　随着烟叶成熟度增加，烟叶香气质变好，香气量增加，劲头和浓度增大，青杂气减轻，刺激性、辛辣味减弱，余味变舒适。一般成熟度好的烟叶，评吸质量好。

（3）香气质、香气量、余味与烟叶成熟度呈极显著正相关，刺激性、杂气与成熟度呈极显著负相关。

4. 不同部位烟叶采收成熟度外观特征如何把握？

（1）烟叶成熟的一般特征　茎叶角度增大，叶面颜色由绿色转为黄绿色，叶脉变白发亮，叶面皱褶，茸毛脱落，易采摘，声音清脆，断面整齐不带茎皮；并以叶片发软、叶面粘手作为烟叶成熟采收的重要参考依据。

（2）不同部位烟叶采收标准

① 下部烟叶。叶色以绿为主，稍有转黄呈青黄色，叶面6～7成黄绿色，主脉变白1/2以上，叶尖明显下垂。移栽后55～60天适宜"早采收"。

② 中部烟叶。烟叶落黄明显，呈浅黄色，叶面8～9成黄绿色，主脉变白2/3以上，叶尖叶边下垂，有少量黄色至黄白色成熟斑块，叶耳略黄至淡黄。在下部叶烤完后停炉5～7天、具有明显成熟特征时"成熟采收"。

③ 上部烟叶。烟叶基本全黄，呈淡黄色，叶面9～10成黄绿色并伴有成熟斑，主脉全白发亮，支脉2/3以上变白，叶片下垂，叶面皱缩，叶耳淡黄。在中部叶烤完后停炉7～10天、具有充分成熟特征时"完美成熟采收"。烟田黄灿灿，亮堂堂。

5. 下部烟叶提前采收带来的好处有哪些？

（1）减少叶内养分消耗，有利于下部烟叶质量提高，可使单叶重提高10%～15%，橘黄烟比例提高25%～30%，等级比例提高5～10个百分点。

（2）有效改善田间通风透光条件，提高中部烟叶的干物质积累及烟叶耐烤性，烤后烟叶等级质量明显提升。

（3）减轻田间叶部病害的发生与危害（尤其是赤星病、野火病、角斑病、白粉病、靶斑病）。

6. 成熟期烟株合理株型长相从哪几个方面判断？

（1）打顶后10～15天，烟株近似筒形或腰鼓形，株高100～110厘米。

（2）单株留有效叶18～20片，根据烟株长势、营养状况灵活进行下部不适用烟叶的结构优化，并考虑市场订单需求留叶16～18片。

（3）顶叶长度达55～60厘米，中部叶达65～75厘米，下部叶达50～55厘米，叶片宽度为25～30厘米。

（4）平顶高度基本一致，群体结构合理，行间叶尖距为 15～20 厘米，烟叶自下而上分层落黄明显。

（5）基本无病虫害（根、茎、叶部病害）和缺素症状（缺镁、钾、锌等元素）。

7. 提高上部烟叶采收成熟度有哪些措施？

上部烟叶占全株生产量的 30%～35%，甚至高达 40%。上部烟叶由于光照充足，干物质积累多，烟叶耐烤性较强，但易烤性一般，尤其顶叶或干旱烟叶、僵硬烟叶，往往烘烤时叶片容易产生挂灰。

烘烤上部烟叶时，时节基本在白露之后，昼夜温差加大，夜间温度低，容易产生冷挂灰。上部烟叶若为欠熟采收，不仅烤后容易产生青筋、青片，而且挂灰严重。因此，采收上部烟叶一定要达到"完美成熟"。

提高上部烟叶成熟度与烤后质量需要采取以下措施。

（1）上部烟叶成熟采收时，平均气温≥20 ℃，达到这一温度烟叶烘烤不易挂灰，反则烟叶挂灰难以避免。因此，尽量适时移栽，在气温开始下降的"白露"前烘烤进入收尾阶段。

（2）对于田间长势过盛烟株，采取晚打顶、轻打顶、盛花打顶的方式调节营养，避免形成罩顶的"伞状烟"。

（3）浇好团棵水，重浇旺长水，轻浇平顶水，避免出现后发烟或"二次生长烟"，使肥料在烟株生长发育阶段适时释放。

（4）在下二棚烟叶采收后，及时叶面喷施高钾肥或磷酸二氢钾。

（5）烟田补充镁肥，将上部烟叶真正"养熟"。根据烟田缺镁状况灵活调控，一般缺镁烟田增施农用氢氧化镁 10～15 千克/亩[①]，严重缺镁烟田增施农用氢氧化镁 15～20 千克/亩，作基肥施用。

（6）采收上部烟叶成熟度 9～10 成、主脉支脉变白发亮，并兼具"一软一粘"的外观特征（叶片发软，叶片粘手、有"烟油子"），这

---

① 亩为非法定计量单位，1 亩＝1/15 公顷，下同。——编者注

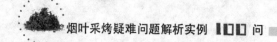

是上部烟叶采收的重要参考指标。

（7）对于上部开片一般、含水率较大的上部烟叶，建议采取"上6片一次性采烤"方式。

（8）对于上部开片较好的含水率偏小、或半柔软半僵硬、或干旱天气形成的烟叶，建议采取"上6片带茎采烤"方式。

三、烘 烤 篇

烟叶烘烤的任务是对烘烤各阶段温度、湿度、时间、风速四要素科学合理的适配运用，促使烟叶发生由绿色到黄色、由新鲜到干燥、由大分子到小分子的生理生化变化，将田间具优良农艺性状的烟叶经调制加工变化为工业优质卷烟原料。烟叶烘烤过程不仅完成烟叶凋萎、变黄、干燥的任务，更需要烟叶变黄与失水干燥协调同步，经历变黄、定色、干筋三个阶段复杂的生理生化过程，以实现初烤烟叶"黄、柔、香、熟"的调制目的。

1. 烘烤变黄、定色、干筋阶段的温度范围如何划分？各阶段任务是什么？

（1）变黄阶段　对于含水率适中或鲜烟素质好的烟叶，变黄温度为 36～42 ℃；对于片厚筋粗、叶面蜡质的后发烟叶，变黄温度为 39～44 ℃。

这一阶段的任务是"适宜拿水"，使烟叶绿色消退，黄色充分显现。烟叶边变黄、边失水，烟叶变黄与失水协调一致。若烟叶失水过快，烟叶"无水不变黄"，将导致烟叶变黄慢、易烤青。若烟叶失水过慢，烟叶"水多烤坏烟"，将导致烟叶失水不够、形成"硬变黄"，硬黄烟叶难定色、易烤黑。变黄初期（38 ℃）使烟叶发暖、出汗、叶尖变软或叶片发软、开始凋萎，变黄中期（40 ℃）使叶片凋萎塌架，变黄后期（42 ℃）使烟叶主脉发软、叶片勾尖卷边。烟叶变黄与失水同步进行以实现烟叶"软变黄"，凋萎发软状态下的变黄烟叶易定色，避免烤青烤黑。变黄初期要烧"懒火、小火"，避免升温过急、过快、过高，防止烟叶促青或烤青。在 38 ℃、40 ℃、42 ℃达到烟叶变黄失水要求时，需打开房门快速触摸感知烟叶变软与失水程度，以判定是稳温还是升温至新的温控点。

（2）定色阶段　含水率适中或鲜烟素质好的烟叶，定色温度为 43～55 ℃。一般将 43～50 ℃称为定色前期，51～55 ℃称为定色后期。

这一阶段的任务是"缓慢定色"，在适宜且稳定的干、湿球温度下，将已经变黄烟叶的色泽和品质特性固定下来。定色前期可使叶片残留的青色完全变黄，并且 44～48 ℃是烟筋变黄的最佳温度，4～6 小时升温 1 ℃，可有效消除青筋。定色后期提高湿球温度至 39～40 ℃，同时降低风速，可使烟叶颜色变深、油分增加。定色阶段决定着烟叶烤后质量，烟叶"冷挂灰""热挂灰"、烤青、蒸片、糟片、正反色差大、颜色欠鲜亮等都是这一阶段产生的，因此，逐步加大烧火、加强排湿，烧火要稳、升温要准，稳住湿球、缓慢升温显得尤为重要。

（3）干筋阶段　下部烟叶干筋温度为 56～65 ℃，中、上部烟叶干筋温度为 56～68 ℃。

这一阶段的任务是"限温干筋"，避免温度过高导致烟叶烤红和香气物质挥发逸失。以 1 ℃/小时升温到 63 ℃稳温，直到少数烟叶主脉 3～5 厘米未干时，再以 1 ℃/小时升温至下部叶 65 ℃，中、上部叶 68 ℃，最高不超过 70 ℃，控制湿球温度 41～42 ℃，风机低速运行，稳温稳湿直至烤房烟叶全部干筋。

若定色后期和干筋阶段湿球温度偏低，通风过量，将导致烟叶干燥过快，造成烟叶颜色变淡，油分减少，叶片僵硬。

2. 烟叶烘烤中不同温控点的变黄、失水干燥程度如何判断？

烟叶烘烤中不同温控点的变黄、失水干燥程度见表 1。

表 1　不同温控点的烟叶失水率与变黄干燥程度对应参考表

干球温度（℃）	正常烟叶烘烤			含水率偏大烟叶烘烤		
	失水率（%）	变黄程度	失水干燥	失水率（%）	变黄程度	失水干燥
38	10～15	5～6 成	叶片出汗变软。1 级支脉开始变黄	5～8	下部 2～3 成，中上部 4～5 成	叶片发暖、开始出汗
40	20～25	7～8 成	凋萎塌架，仅有叶基部与主脉两侧含青	35～40	下部 6～7 成，中上部 7～8 成	凋萎塌架，开始干尖。仅有叶基部与主脉两侧含青
42	30～35	9～10 成	主脉发软，勾尖卷边 3～4 厘米。主脉略含青或呈乳白色	50～53	下部 8～9 成，中上部 9～10 成	主脉发软，干尖 7～8 厘米。主脉淡青色
44	40～45	黄片黄筋烟叶占 60%	干尖 7～8 厘米	56～57	黄片黄筋烟叶占 60%	干片 10～12 厘米

（续）

干球温度（℃）	正常烟叶烘烤			含水率偏大烟叶烘烤		
	失水率（%）	变黄程度	失水干燥	失水率（%）	变黄程度	失水干燥
46	50	黄片黄筋烟叶占80%	叶片干燥1/3（软卷筒）	69～70	黄片黄筋烟叶占80%	叶片干燥1/3（软卷筒）
48	55～60	烤房烟叶全部黄片黄筋	叶片干燥1/2（小卷筒）	—	烤房烟叶全部黄片黄筋	叶片干燥1/2（小卷筒）
54	70～80	—	叶片全干（大卷筒）	—	—	叶片全干（大卷筒）
68	95	—	全部干筋	—	—	全部干筋

注：1. 鲜烟叶处于膨胀状态的含水率一般为80%～90%。

2. 表中失水率为相对失水率，表达温控点的烟叶失水状况。

3. 含水率偏大烟叶的失水率为2020—2021年青岛烟区试验结果。

3. 为什么烟叶会烤青？

青烟也称青黄烟，是指烤后烟叶的叶面或烟筋含有一定程度的青色，包括青筋黄片、黄多青少、青多黄少及青片、浮青、里青、背青等。

根据目前鲜烟素质与烘烤水平，烟叶烤后按叶面含青程度一般分为两种：一种是轻度含青，即叶面表现出"1级支脉带青，或叶片含微浮青，或1级支脉＋2级支脉带青"（面积在10%以内）的外观表征，在烟叶分级标准中处于"微带青"范畴的含青叶片。另一种是重度含青，即叶片带青或主脉带青，具体表现出"主脉＋支脉，或主脉＋叶片，或支脉＋叶片，或主脉＋支脉＋叶片"（含青面积不超过3成）的外观表征，在烟叶分级标准中属于"青黄烟"范畴的含青叶片。

（1）从烟叶成熟采收看

① 烟叶成熟度是烟叶质量的核心，是烤烟内外在质量和分级标

准的第一要素。烟叶田间成熟度关系到烟叶烘烤过程的成败，直接影响着烟叶品质与等级质量以及烟农效益，各部位烟叶达到成熟采收标准是烟叶调制加工的基础与前提条件。

烤后烟叶若表现出"叶片带青＋主脉带青＋支脉带青，或叶基带青＋主脉带青"现象，一般由烟叶欠熟采收造成。若"主脉带青"，一般由烟叶尚熟采收所致。若"支脉带青"，一般是烟叶已经进入生理成熟，而没有达到工艺成熟所致。

② 生理成熟的烟叶经 5～7 天即进入工艺成熟，此时鲜烟素质的韧性、弹性、柔性较好，外观表现出烟叶褪绿泛黄，主脉和支脉发白发亮，叶面呈黄绿（下部）、或浅黄（中部）、或淡黄（上部），共性表征为易采摘、断面整齐、不带茎皮、响声清脆，烟叶明显发软，叶片略有粘手感，采收 15 片左右时手上即有一层黑色"烟油子"，这类烟叶烤后外观质量一般成熟度好、结构疏松、油分足、叶片柔软。反之，成熟度过低或过高的烟叶烤后外观质量与等级结构趋于不理想状态。

下、中、上三个部位烟叶成熟采收标准分别为：下部叶 6～7 成黄；中部叶 8～9 成黄；上部叶 9～10 成黄。对于长期高温干旱形成烟叶、长势过剩烟叶、后发烟叶、僵硬烟叶等，要把田间烟叶趋于发软、叶片略有粘手感作为烟叶采收的重要指标，在采收时要将"叶面发黄、叶脉发白、烟叶发软、叶片发粘"这四要素进行统筹判断考虑。

③ 烟叶成熟度与品种、气候等密切相关。若烟叶生长期一直在雨季、光照不足、干物质积累少、烟叶含水率大，在烟叶田间采收时，中下部烟叶成熟度适当降 1 成采收（即下部 5～6 成；中部 7～8 成），上部烟叶成熟度依然保持 9～10 成采收，仅对降水频繁气候条件下的烟叶身份偏薄、叶部病害发生、典型缺镁烟叶采取 8～9 成采收烘烤。

在采收烘烤实践中发现，外引品种（如 NC55、NC102 等）与叶绿素含量偏高品种（在精准施肥前提下，田间表现深绿色的烟叶）采收成熟度易高；国内自育品种成熟度相对表现宽泛，可根据天气状况灵活调控，若天气干旱，成熟度要高，若降水偏多或阴雨连绵，成熟度要低。对于施肥过多、长势过盛的烟株，建议加大下部烟叶的优化力度（打掉5～6片），以促进烟叶成熟度。

（2）从烟叶烘烤技术看

① 在成熟采收的基础上，若烤后烟叶出现"主脉＋支脉＋叶片含青"现象，往往与烟叶变黄程度过低、变黄阶段稳温时间偏短有关。对于含水率偏大、叶片发脆、干物质积累不足（如下部叶）或者严重干旱条件下（团棵期至旺长期高温干旱）形成的烟叶，以40～42℃作为烟叶主要变黄温度；对于含水率偏小、生长发育协调、干物质积累充实（如上部叶）或者轻度干旱条件下形成的烟叶，以38～40℃作为烟叶主要变黄温度。在主变温度内，通过适当延长控温时间，促使烟叶完成变黄与失水的协调同步。

烟叶变黄与失水是变黄阶段的两个关键指标。烟叶变黄是叶绿素的分解转化与叶黄素显露的生理生化过程，失水是烟叶表面自由水与细胞组织内结合水（即束缚水）的物理逸散过程。变黄与失水要同步进行、协调一致，即是一个边变黄、边失水的动态平衡过程，这是烘烤中烟叶烤黄、烤柔、烤香的关键所在。尤其是变黄阶段的42℃是变黄后期进入定色前期的第一个重要温控点，在烟叶含水率与湿球温度一定的情况下，直接关系着烟叶氧化酶活性的强弱，在烟叶失水率达30%～35%时，可使烟叶氧化酶活性稳定，有效避免44～50℃的棕色化反应。烟叶外观表现出凋萎塌架、勾尖卷边（即烤房高温处正常烟叶干尖程度：下部叶7～8厘米、中部叶5～6厘米、上部叶3～4厘米）。另外，在42℃时烟叶变黄程度同时达到：下部叶含水率偏大8～9成黄；干旱烟叶9～10成黄，把控比例，9成占60%、10成占40%。中部叶变黄9～10成，含水率偏大烟叶把控比例，9成与10成各占50%；干旱烟叶9成占20%、10成占80%。上部叶变黄9～10成，其中9成占10%、10成占90%。

② 在烟叶变黄与失水同步进行并完成变黄的情况下，若烤后烟叶"叶片基部＋主脉含青"或"基部1/5主脉＋基部1级支脉含青"，一般是由42℃转火后升温过急过快造成的，在43～48℃按1～1.5小时升1℃的频次升温，并在44℃、46℃、48℃温控点上稳温时间偏短，不足4小时，或者升温幅度过大，自43℃直接升到了46℃

（温度超过了 3 ℃），必将导致青黄烟产生。

转火后烟叶烘烤进入定色前期，关系到烟叶的柔软度与色度均匀性，这一阶段关键是慢升温、稳住温。解决烟叶含青的最有效方法就是在 43～48 ℃慢升温，这个温度段称作"变筋温度"，也是烟筋最适宜的变黄温度。这一阶段是一个升温与稳温的过程，"升"即每 2～3 小时升 1 ℃，"稳"即每升 1 ℃下部叶稳温 4～5 小时、中上部叶稳温 5～6 小时。在这个过程中，升温幅度不宜过大，每次最多升温 2 ℃，若≥3 ℃，将会造成叶片或烟筋烤青增多现象。在干球温度 46 ℃时，烤房中层叶片与 1 级支脉全部黄片，主脉 80% 以上变白，叶片干燥 1/3 以上（软卷筒）。在干球温度 48 ℃时，一定使全房烟叶达到黄片黄筋、叶片干燥 1/2 左右（小卷筒），48 ℃是一个黄烟等待青烟的温控点，一方面使已经变黄的烟叶加快失水干燥，另一方面可使没有达到黄片黄筋要求的烟叶继续变黄。若干球温度达到 50 ℃，叶片变黄基本停止，烟筋变黄明显缓慢并趋于停止。若干球温度超过 50 ℃，烟筋所含叶绿素逐渐失去活性，烟筋难以继续变黄，对于未能完成变筋的烟叶，烤后烟叶主脉或 1 级支脉含青将难以避免。

在定色前期的烘烤中，慢升温可使烟叶失水干燥变得相对缓慢，不仅能消除叶片含青与叶片青筋，还能使烤后烟叶的柔软度得到明显改善。若升温过快、稳温时间偏短，湿球温度偏低（≤35 ℃），可使叶片失水干燥过快，烟叶的疏松度、柔软度将会受到严重影响。

在烘烤实践中，时常在转火后发现烟叶变黄程度不够，此时烟叶失水率不足 40%，若通过"延长 43～44 ℃控温时间、提高湿球温度"促进烟叶变黄，将导致烟叶失水缓慢，养分消耗过多，身份变薄、单叶重变轻，甚至出现烤糟，对烟叶产量与质量造成一定影响。烟叶评吸质量表现出香气质显著发闷，香味平淡，透发性变弱的结果。

③ 采取了"低温变黄，低湿定色"的烘烤工艺。对于叶大筋粗、片厚脆硬、营养过剩或干物质积累不足的烟叶，将 36～38 ℃作为主要变黄温度，偏低的变黄温度将使烟叶变黄、失水缓慢，烟叶变黄时间过长（在变黄前期，若在温控点上稳温 8～10 小时后，烟叶未有变黄或叶尖未软，表明变黄温度偏低，应及时提温至下一个温控点）。

进入变黄中、后期的 40～42 ℃后，稳温时间偏短或湿球温度偏低，没有达到烟叶变黄与失水程度即转火进入定色前期。若在定色前期相对偏低的湿球温度条件下（下部叶≤35 ℃、中部叶≤36 ℃、上部叶≤37 ℃），将加快叶片的干燥程度，但烟筋变黄趋于缓慢，易造成烤后叶片与主脉、1 级支脉含青。并在相对偏低的湿度条件下完成烟叶干燥，烤后烟叶将有青杂气、青烟气及辛辣味重、刺激性强、烟气粗糙的评吸质量。

（3）从烟叶营养均衡看

① 施氮量偏高，氮钾配比不合理。烟草是一种喜钾忌氮的作物，若纯氮量偏高或偏大，钾肥配比偏低或偏少，极易导致烟株贪青徒长，片大筋粗、叶片发脆，中下部叶田间荫蔽，影响烟叶干物质积累，并易形成黑暴烟。若旺长期高温干旱，成熟期降水增加，易形成贪青晚熟后发烟，随着大田后期的气温降低，往往给烟叶正常成熟和烘烤带来诸多困难，烤后烟叶易出现青筋青片或挂灰现象。对于新茬地，如玉米茬地、西瓜茬地、蔬菜地、药材地、苗圃地等，应采取减氮增钾的施肥措施，建议 N：K=1：（3.5～4.0）；对于老烟茬、土层薄、沙壤地，采取增施有机肥、适当增加氮肥用量措施，建议 N：K=1：（3.0～3.2）。

② 烟株缺少中量营养镁元素。若中、下部烟叶采收时，叶片出现主脉和 1 级支脉发绿、叶面发黄或有不规则黄泡白斑；或正常的中、下部烟叶在变黄后期烟筋变黄缓慢而失水凋萎正常，烟叶变黄时间在 3 天以上，烟筋依然没有达到浅绿或淡白的变黄要求，1 级支脉往往表现出鲜亮的青绿色，并且烤后烟叶颜色欠鲜亮、底色发暗欠干净、支脉青色鲜亮，往往出现主脉较轻、支脉较重的含青表现。这些外观表征主要由烟株缺镁所导致。

镁素是烟株生长发育所需的中量元素，对叶绿体的合成发挥重要作用。烟株缺镁难以形成叶绿素，致使光合作用受阻，烟株的正常生长发育受到影响。烟叶表面叶绿素的合成减少，加速了叶表面的衰老速率，使内含物的分解转化不能一并进行，尽管烟叶表面呈现褪绿泛黄的成熟特征，其实是一种"假熟"现象。随着叶片衰老的加快，烟叶的耐熟性降低，造成叶表面发黄或黄泡白斑，严重者表现出不规则的褐斑或褐尖褐边。中、下部烟叶烤后易产生青筋，上部烟叶烤后易产生青筋、挂灰，并具有僵硬感。

烟株缺镁往往与天气状况、土壤类型密切相关。在高温干旱与降水频繁的气候条件下，易导致镁素的吸收受阻和淋溶逸失，烟株缺镁现象往往表现明显。而雨水调和年份缺镁现象相对较轻。生产中发现，偏酸性土壤、沙壤地、河滩地、坡岭地、低洼地在降水偏多的年份往往烟株缺镁现象偏重。

试验结果表明，青岛烟区的镁含量（样本来自黄岛六汪）为下部烟叶 0.58%～0.68%、中部烟叶 0.51%～0.63%、上部烟叶 0.50%～0.66%，三个部位烟叶镁含量＞0.4%，这表明三个部位烟叶镁含量均处于适宜阈值内，但中、上部烟叶在田间却依然表现出青筋黄片现象，上部烟叶烤后多呈青筋或挂灰，这属相对性缺镁范畴（就像烟区持续增施钾肥多年，烟株依然出现缺钾现象）。另外，长期大量增施钾肥，将造成烟叶钾、镁之间的相互拮抗，可诱发烟株缺镁的可能。

镁对烟叶燃烧时烟灰的凝结和色泽有良好作用。缺镁严重时，烤后烟叶呈灰暗、无光泽、浅棕色，叶片无弹性。

目前，在所有镁素的补充中以农用氢氧化镁效果最理想，据试验，对中、下部烟叶出现青筋黄片与上部烟叶出现白泡或褐斑的烟田，建议每亩增施农用氢氧化镁 15～20 千克；对于上部叶面出现青筋黄泡的烟田，建议每亩补充农用氢氧化镁 10～15 千克。尤其针对降水偏多年份进行的烟田镁肥补充，对于烤后烟叶油分、色度、柔软度的改善，减少上部青筋与杂色效果明显，并对提高烟叶香气质、余味，降低杂气和刺激性产生积极影响。

4. 杂色烟类型有哪些？如何形成？

杂色是指烤后烟叶表面存在的非基本色颜色斑块（青黄烟除外），包括轻度泅筋，蒸片及局部挂灰，全叶受污染，青痕较多，严重烤红，严重潮红，受蚜虫危害等。

（1）烟叶挂灰　挂灰烟叶是指烤后叶面上呈现局部或全部浅灰色、灰褐色斑点或斑块。一般中、上部或片厚筋粗的烟叶容易挂灰。下部烟叶一般变黄快、失水快，易烤性好、耐烤性差，烤后烟叶

2级支脉易烤青，叶片易烤糟；含水率偏大或含水率过小烟叶往往烤后糟尖糟边或糟片。

上部烟叶往往变黄慢、失水慢，耐烤性好，易烤性差，烟叶烤后主脉、1级支脉易烤青，叶片易带青或挂灰；含水率过小或后发烟、片厚筋粗、叶面蜡质的烟叶烤后一般挂灰严重。

① 中、下部烟叶挂灰。

原因1：采收烟叶成熟度不一致，鲜烟分类不到位，烤房挂烟不分类。

原因2：编烟或夹烟数量偏多，挂烟距离过密、装烟量偏大，导致烤房通风不顺畅。烤后烟叶易出现局部蒸片或糟尖糟边。

原因3：变黄前期低温（36～38 ℃）变黄时间过长，下部叶或含水率偏大、干物质积累不足的中部叶变黄程度偏大；或者在38 ℃时，中、下部烟叶变黄程度达7成以上，甚至叶片全黄，造成烟叶养分消耗过大。

原因4：变黄后期42 ℃稳温时间过长，下部叶或含水率偏大、干物质积累不足的中部叶变黄过度，烟叶变黄程度达10成，养分消耗过多，烤后烟叶易出现片薄色淡和糟尖糟边。这种现象在雨水偏多年份较易出现，下、中部烟叶应在变黄程度分别达8成和9成即转火定色，避免延时慢烤。

原因5：整个变黄阶段湿球温度偏高，尤其是降水偏多年份，下部烟叶湿球温度＞37 ℃、中部烟叶湿球温度＞38 ℃，稳温保湿时间过长，极易导致养分消耗过度，烟叶失水不足，给烟叶定色带来困难。烤后烟叶易出现糟尖糟边现象。

原因6：转火后43～50 ℃（若烟叶含水率大、装烟量大，干球温度可达52 ℃），曾出现烤房降温或快速升温现象，降、升幅度一般≥3 ℃、时间≥2小时，降温或掉温易产生冷挂灰，升温过急过快易形成热挂灰，时间越长、降升幅度越大，挂灰越严重。另外，烟叶挂灰与烤房外环境温度存在一定关系，若烤房外气温偏低（如白露后的夜间降温明显），即使短时间烤房掉温2 ℃也会造成冷挂灰现象。

原因7：下部烟叶采收时间偏晚，田间成熟度过高（过熟采收），烤后烟叶片薄色淡、光泽欠鲜亮。中部叶基位置的烟权生长时间过长、未能及时清理，烤后烟叶身份薄、叶尖轻微挂灰、色度不均匀。

②上部烟叶挂灰。

原因1：施肥过多、移栽偏晚、旺长期干旱、追肥过迟、打顶偏早、烟叶后发、立秋烟叶、片厚筋粗、发脆僵硬、叶面蜡质的上部烟叶烤后易挂灰。

原因2：烟叶成熟度不够，欠熟采收；叶片脆硬、不柔软；叶面产生蜡质层。这类烟叶烘烤时保水力强、失水慢、变黄慢，烤后烟叶表现出身份偏厚、底色发暗、均匀挂灰。

原因3：上部烟叶田间表现出主脉与1级支脉明显发绿、叶面黄中含有黄泡白斑，甚至出现不规则的褐斑或褐尖褐边，这一表征是典型的缺镁症状。烟叶烤后形成条状或点状的不规则局部挂灰，严重者整个叶片全部挂灰。烟株缺镁导致的烤后烟叶挂灰现象近年来在各烟区越来越突出，应引起烟区高度重视与关注。

原因4：低温变黄（≤36℃）时间过长，变黄程度偏大（≥7成），烟叶失水不够，烟叶细胞内的结合水难以排出。在进入变黄中、后期时，升温速度加快，烟叶内的结合水大量汽化散出，烤房排湿不能及时跟上，导致烤房内湿度骤然增高，排出的水汽蒸伤烟叶而挂灰。

原因5：在40～42℃，烟叶凋萎时间偏短，烟叶失水程度不够、未达到勾尖卷边（失水率不足30%）时，干球温度超过了43℃，导致氧化酶活性增强，诱发棕色化反应。在烘烤实践中，进入定色前期（44～46℃）后，出现叶片边干边黑，干到哪里黑到哪里的现象，就是变黄中、后期失水程度不够导致的。烤后烟叶重者黑糟、轻者挂灰。

原因6：变黄后期42℃和定色前期43～48℃，出现烤房降温或快速升温现象，导致"冷挂灰"或"热挂灰"现象发生。

原因7：燃煤烤房加热设备发生轻度漏烟现象。烟叶的呼吸作用将烟尘吸附在叶尖或叶缘产生类似冷挂灰的症状，多聚集在叶尖4～5厘米处，以高温层最为严重。

原因8：在移栽、团棵、旺长前期喷施除草剂，浓度过高且频次过多，产生除草剂药害。田间表现为叶面明显皱褶、不舒展，颜色深绿，叶片身份变厚、脆硬。中部烟叶烤后颜色无光泽、底色暗，上部叶片表现出不规则、程度不一的叶面挂灰，严重者全部形成黑糟。

原因9：植物花粉飘落在叶片上引起的挂灰。由于植物花粉的生物活性吸收并过度消耗了烟叶表面的营养，导致附着位置产生局部黑褐现象。以玉米花粉造成的挂灰居多，多发生在中、上部烟叶。

（2）烟叶青痕　青痕是指烤后叶面或叶基部存在的不规则青色条状、斑点或斑块现象，多由采摘、运输、编烟等机械损伤所导致。

① 多为采烟方式不当，造成机械损伤所致，青痕多集中在叶片基部。正确的采烟方式应是中指与食指托着叶片基部的主脉，大拇指轻松地压在主脉上面，向左或向右用"拧、按"的寸力将烟叶摘下，而不是用手紧紧攥握着叶片用力向下拉扯，如此操作必将造成基部机械损伤，烟叶烤后产生不同程度的青痕。

② 采下的烟叶在运输过程中做到轻拿轻放，避免采摘烟叶放在胳膊下夹得太紧、太多，应当在较为松散的时候进行堆放，采取"少夹、勤堆放、多次搬运"的方式运至田头。利用简易包装物打包成捆，装车运输。在阴凉处等待编（夹）烟，烟叶堆放高度不得超过50厘米，尤其高温天气下，防止烟叶自身发热造成"烧垛"（温度可达50℃以上）。成杆（夹）后采取烟架或"井"字形放置等候烤房装烟，避免器物与烟叶碰撞、摩擦及在阳光下暴晒而形成青痕。

③ 若烟叶烤后叶面青痕较多，分布在整个叶片且不规则，往往与营养不协调的缺磷有关。田间表现出叶色深绿、片大筋粗、叶片脆硬，雨后烟田时常发出"咔、咔"声音并伴有叶片自行脱落的现象。生产中发现，碱性土壤、玉米新茬、苗木地在降水偏多的年份，烟叶烤后青痕现象相对严重。

④ 若在烤房热风口附近的1～2层烟叶产生有规律的青痕叶片，往往是燃煤烤房加热设备漏烟造成的。煤质中含有的硫元素以 FeS_2 形式存在，烤房漏烟将使煤炭燃烧时产生的大量 SO_2 气体散失在烤房内，导致烟叶"硫中毒"。轻度中毒症状同青痕相类似。重度中毒表现出青痕带黑的不规则斑点，青痕边缘明显并呈浅黑色，斑点大小在0.5～5.0厘米，多以烤房高温层严重。

若烤房加热设备已经使用 7 年以上,其间没有维护或升级,烟叶烤后青痕较多并有青中带黑的斑点,可将烤房漏烟作为第一因素判断。烤房漏烟极易造成硫中毒,即使如同黄豆粒般大小的漏洞亦能形成。查找跑冒漏点可用柴草"沤烟"的方法,若漏点较小可采取饱和食盐水混合沙土(沙∶土=1∶2)成泥的方式封堵。若漏洞>5 厘米,需要焊接维修。

(3)烟叶烤红 烤红烟是指烤后叶面呈现出均匀或深浅不一、片状的浅红色现象,往往带有明显香甜味。

① 干筋阶段温度过高造成烟叶不均匀片状烤红,干球温度往往≥72 ℃。一般达到 72 ℃易形成轻度烤红烟,达到 75 ℃将产生严重烤红烟,并使烤后重量降低或减少。

② 干筋阶段温度超过 43 ℃,导致烟叶烤后产生比较均匀的浅红色。

③ 在烤房内温度>42 ℃下烟叶回潮过度,烟叶水分超限,烟叶表面呈现出暗红色且无光泽特征。

④ 生物质烤房燃烧炉漏烟,生物质燃烧释放 CO、NO_x,造成烤后叶面发红均匀现象(多由燃烧炉检修口凹槽的石棉垫脱落留下缝隙造成),烟叶无"香甜味"。

(4)蒸片烟叶 蒸片又称烫片,是由烘烤环境的高温高湿所导致。叶片局部或全部呈淡褐色,但尚有弹性,不太易破碎。

① 气温较高季节,鲜烟叶含水率较大(如下二棚或准腰叶),堆放过高(≥50 厘米)、时间过长(≥7 小时),导致烟堆发热达到 50 ℃以上,造成烟叶高温损害,俗称"烧垛"。

② 变黄后期和定色前期烟叶含水率较大,升温过快,排湿不畅;湿球温度异常偏高(超过 42 ℃),时间过长(超过 3 小时);干物质积累不足,烤后叶片较薄多呈棕黑色。

③ 烟叶未达到小卷筒状态,其失水率不足 50%,干球温度超过了 50 ℃,导致急剧发生(5~7 分钟)棕色化反应,造成烟叶由黄色快速变成黑褐色。

④ 装烟量过大,编烟过密,装烟拥挤;风速偏小,排湿不畅;气流短路,分风不匀;均易引起全部或局部蒸片。

（5）色泽灰暗烟叶 色泽灰暗是指烟叶烤后颜色不鲜亮、底色较暗、无光泽的外观表象。

① 烟叶营养过剩形成黑暴烟（如施肥过多、追肥过晚、打顶过重），片厚筋粗、保水性强，水分不能及时排出引起底色灰暗。

② 在 44～50 ℃，湿球温度过高（≥40 ℃）或风速偏低，排湿不及时。

③ 在定色阶段（尤其是定色前期）湿球温度不稳定，忽高忽低，烤后烟叶不鲜亮。这种情况在生产中最为普遍。

④ 装烟量过大，编烟过密，装烟拥挤；风速偏小，排湿不畅；气流短路，分风不匀；烟叶结合水与表面自由水不能及时排出，易造成烤后烟叶发暗、不鲜亮。

⑤ 中、上部烟叶过熟采收或出现片黄脉绿的"缺镁"现象，烤后烟叶底色灰暗、不鲜亮。

5. 烤后烟叶为何少油、僵硬？

烟叶油分是指烟叶组织细胞内含有的一种柔软半液体或液体物质。由于这类物质的存在，使烟叶外观表现出油润或枯燥的不同感觉。

油分与叶片油润度、柔软度、疏松度密切相关。烟叶柔软度是烟叶油分的一个直观的外在反映。烟叶油分足了，僵硬感将不复存在，烟叶内在质量基本趋于理想水平。

油分与水分在叶片上的表现（主要是手感）截然不同。油分存在柔润、略粘手和光泽柔和的外观感知。烟叶水分有发凉、发湿，用力捏压叶面易留下指印及光泽发暗欠鲜亮的表现。

（1）栽培措施不当是影响烟叶油分的主要因素

① 施肥不合理，或高或低；营养不协调，氮、钾配比不合理。若施肥偏多，易贪青徒长、叶厚筋粗；若施肥偏少，易生长弱势、叶小片薄；若大量元素钾，中量元素镁，微量元素锌、硼、钼的施用量不足或单一缺乏等，均会影响烟叶油分与叶片柔软度。在做好平衡施肥、测土施肥、控无机氮、针对性补充中微量元素的基础上，增施各种有机肥（如腐熟的全营养型大豆）对提高烟叶油分效果最为明显。

② 烟株打顶留叶不合理，或打顶偏早、打顶过重、留叶过少，或打顶偏晚、打顶过轻、留叶过多，将使烟叶油分减少。可采取"长势强、地力好、降水晚、迟打顶、多留叶、二次打顶；长势弱、地力差、降水早，适打顶、少留叶、一次打顶"的原则灵活进行平顶。

③ 烟田长期干旱，尤其是旺长期高温干旱时间长，成熟期（采烤期）降水偏多，将导致烟株后发、贪青晚熟，往往造成上部烟叶片大筋粗、叶厚脆硬甚至叶面蜡质，烤后烟叶僵硬、少油分及挂灰。

④ 定色阶段（44～55 ℃）至干筋阶段（56～68 ℃）的湿球温度偏低、风速偏大是烟叶油分减少的间接原因。

(2) 烟叶失水过快和风速过大是叶片僵硬的主要原因

① 变黄中、后期和定色前期的湿球温度设置偏低。变黄中、后期（40～42 ℃）的湿球温度＜35 ℃，定色前期（44～48 ℃）的湿球温度≤36 ℃，烤后烟叶易产生僵硬。应将湿球温度调整至适宜范围：变黄中期干球 40 ℃/湿球 38 ℃，变黄后期干球 42 ℃/湿球 38～37 ℃，定色前期干球 44～48 ℃/湿球 37～38 ℃。

② 定色后期至干筋阶段的湿球温度设置偏低。定色后期（50～55 ℃）的湿球温度＜37 ℃，干筋阶段（56～68 ℃）的湿球温度＜38 ℃，烤后叶片易僵硬。应将湿球温度调整至适宜范围：定色后期干球 50～55 ℃/湿球 39～40 ℃，干筋前期干球 56～60 ℃/湿球 41 ℃，干筋后期干球 63～68 ℃/湿球 42 ℃，烟叶失水慢、干燥慢，烤后烟叶往往柔软、弹性好。

③ 定色后期至干筋阶段风速过大往往导致叶片僵硬。此阶段若风机一直保持高速（变频风机 45 赫兹），尤其风机只有一个固定挡位，烟叶将失水快、干燥快，烤后烟叶往往叶片僵硬、油分少。应将风速进行适当调整：定色后期 52～55 ℃，风机高速～中速（变频风机 45～40 赫兹）；干筋前期 56～60 ℃，风机中速～低速（变频风机 40～35 赫兹）；干筋后期 63～68 ℃，风机低速（变频风机 35～30～25 赫兹）。

④ 烘烤中不同温控点的风速见表 2。

表 2　不同烘烤温控点的风速

温度（℃）	点火	38	40	42	43～51	52～54	55～60	61～63	64～68
变频风机（赫兹）	30～35	35	35～40	40～45	45		45～40	40～35	35	35～30
挡位风机	低	低	中	前中后高	高	前高后中	中	低	低

6. 烤后烟叶为何身份偏薄、叶片平滑？

烤后烟叶片薄色淡、叶片光滑，或叶基部、主脉两边明显偏薄，这种现象多产生于中、下部位烟叶。雨水偏多年份往往容易产生。

（1）主要原因是变黄温度偏低（变黄初期温度≤36℃），稳温时间过长（16～20 小时），或在 38℃时变黄程度偏大（中、下部烟叶≥8 成），造成烟叶养分消耗过多。尤其是含水率偏大的下部叶或干物质积累不足的中部叶易产生。

（2）装烟量过大，编（夹）烟偏多，挂烟杆距偏小。变黄前期（38℃）和变黄中期（40℃）风速偏低（变频风机 20～25 赫兹），烟叶失水缓慢，这是间接原因。

（3）变黄前期采取"保湿变黄"措施（即闷黄、吊黄、捂黄），一直保温保湿不排湿，时间过长，排湿过晚，叶片干物质消耗过大。

（4）变黄中、后期（40～42℃）和定色前期（44～48℃）的湿球温度偏高。对于雨后烟或含水率偏大烟叶，湿球温度应比同部位正常烟叶降低 1～2℃。

（5）下部烟叶优化程度不够，优化时间偏晚，应在烘烤前 15～20 天进行。对于施肥过多、长势过盛的烟株，建议加大优化力度（打掉 5～6 片），以促进烟叶成熟度。

（6）降雨频繁、低温寡照，造成叶片干物质积累不足，叶片偏薄，烟叶耐烤性减弱（耐火性较差）。

（7）烟田施肥量不足，有机肥增施偏少，引起烟株早衰（大田中、后期脱肥）现象。

（8）烟田施肥量过高，造成烟株生长发育过剩，导致田间中、下部烟叶荫蔽，严重影响中、下部烟叶通风透光。

（9）烟株打顶偏晚，留叶过多；中、下部烟叶过熟采收。烤后烟叶将偏薄色淡、油分不足。

7. 如何解决烤后烟叶单叶重偏高的问题？

烤后单叶重影响着烟叶工业可用性与适配度，一般烤后单叶重参考范围为下部 8.0±1.5，中部 10.0±1.5，上部 12.0±1.5。

（1）施肥量偏大是造成烟叶单叶重偏高的主要原因。应根据"控无机氮、增有机氮，减氮增钾，补充镁肥"原则，采取"基肥与追肥、无机肥与有机肥、三要素肥与中微肥相结合"的施肥方法，在测土配方、精准施肥的基础上，结合经验施肥，将烟株培养成"前期富足、中期足而不过、后期低而不缺"的营养型中棵烟，以实现"少时富，老来贫，烟叶成熟肥用尽"的施肥目标。

（2）浇好团棵水，重浇旺长水，轻浇平顶水，避免出现后发烟或"二次生长烟"，使肥料在烟株生长发育阶段适时均衡释放。

（3）避免烟株留叶偏少、打顶过重、打顶过早现象的发生。在天气干旱或者肥料偏大的情况下，多留 1～2 片上部烟叶作为调节叶。对于新茬地、苗圃地、玉米茬地、西瓜茬地、药材茬地，在"减氮增钾"的基础上，采取"盛花打顶"的方式，在打顶时要使下部烟叶出现明显的轻度褪绿泛黄。

（4）在变黄中后期（40～42 ℃）和定色前期（43～48 ℃），对于中部烟叶和上部含水率偏小烟叶，湿球温度控制以 37 ℃为主；对于上部含水率偏大烟叶，将湿球温度稳定在 38 ℃；并适当延长这两段温控点的烘烤时间，使烟叶内含物分解转化过程延长，可起到降低单叶重的明显效果，降幅达 8%～12%。

（5）青岛烟区不同部位物理性状测定结果见表 3，宝鸡中部正常烟叶与黑暴烟叶物理性状测定结果见表 4。

表 3　青岛烟区不同部位物理性状测定结果（山东黄岛）

部位	单叶重（克）	收缩率（%）		含水率（%）	鲜干比	鲜叶长宽比
		叶长	叶宽			
下部	9.39	8.58	18.32	87.75	8.17	2.03
中部	12.98	9.15	16.39	83.88	6.23	2.36
上部	15.14	8.63	19.88	78.94	4.76	2.60

表4　中部正常烟叶与黑暴烟叶物理性状测定结果（陕西宝鸡 C3F）

处理	单叶重（克）	厚度（毫米）	收缩率（%）		含水率（%）
			叶长	叶宽	
正常烟叶（A）	11.93	0.130	11.00	21.80	81.77
黑暴烟叶（B）	16.32	0.144	10.55	18.65	79.63

8. 如何提高正常烟叶的烘烤质量？

正常烟叶田间生长发育良好，内含物质充实，叶片柔软、有黏性，叶片大小适中；烘烤时保水力适中、失水与变黄协调、耐烤性较好、易定色。烟叶鲜干比一般为：下部叶 8～9，含水率 87.5%～88.9%；中部叶 6～7，含水率 83.5%～85.7%；上部叶 5～6，含水率 80.0%～83.0%。

（1）变黄阶段技术操作　烟叶装房后，关闭房门与进风口和排湿口，开启风机内循环 90～150 分钟，打开房门 60～90 分钟。雨季在点火前一定使烟叶表面无明水。

① 酝香阶段（烟叶发暖至开始变软）。干球 38℃/湿球 37～38℃：干球温度以 1 小时 1℃（或 6 小时）升至 38℃，压火控温，保湿变黄，稳温 14～16 小时，湿球温度前期 38℃、后期 37℃。使烟叶发暖、出汗，叶尖开始变软，中上部叶变黄 5～6 成（下部叶变黄 4～5 成）。点火升温过程风机保持低速（变频 35 赫兹），升温至 38℃后，每隔 2～3 小时，启动高速（变频 45 赫兹）间歇运行，每次 30～60 分钟，然后再恢复低速（变频 35 赫兹）。下部叶或雨后烟叶、装烟多时，风机中速（变频 40 赫兹）运行；中上部烟或装烟少时，风机低速（变频 30～35 赫兹）运行。风机设置自控状态，不要手控，保持连续运转。

② 酝香阶段（叶片发软至凋萎塌架）。干球 40℃/湿球 37～38℃：干球温度以 2 小时 1℃升至 40℃，湿球温度保持 38℃（若天气干旱，湿球前期 39℃、后期 38℃；若烟株生长过盛或雨后烟叶、装烟多，湿球温度 37℃）。稳温稳湿 16～20 小时，使中上部叶变黄 7～8 成（下部叶 6～7 成），叶片发软，凋萎塌架。逐步开始排湿，下部叶

或雨后烟叶，风机中速（变频 40 赫兹）运行，中上部叶或装烟少，低速（变频 35 赫兹）运行。

③ 产香阶段（主脉变软至勾尖卷边）。干球 42 ℃/湿球下部叶 36～37 ℃、中上部叶 37～38 ℃：逐步加大火力，将干球温度以 2 小时 1 ℃升至 42 ℃，中上部或装烟少，湿球温度 37～38 ℃（下部或雨后烟，36～37 ℃），稳温 18～22 小时，使中上部叶变黄 9～10 成（下部叶 8～9 成）、主脉发软、略有勾尖卷边，下部叶干尖 6～8 厘米、中上部叶干尖 3～5 厘米（注意上部烟叶正反两面变黄的一致性）。逐步加强排湿，前期中速（变频 40 赫兹）运行，后期加强排湿、风机高速（变频 45 赫兹）运行。在烟叶未达到黄片青筋、主脉发软的情况下不允许超过 42 ℃。

（2）定色阶段技术操作

① 产香阶段（支脉全黄至黄片青筋）。干球 44 ℃/湿球下部叶 36～37 ℃、中上部叶 37～38 ℃：当烟叶达到变黄要求时，以 2 小时 1 ℃升至 44 ℃，下部叶，湿球温度 36～37 ℃，中上部叶，37～38 ℃，稳温 8～10 小时，使烟叶 60% 黄片黄筋，干片 15 厘米以上。加强通风排湿，风机保持高速（变频 45 赫兹）运行。转火后慢升温，44～48 ℃为变筋温度，注意慢升温、控好温，每升 1 ℃保温 4～6 小时。

② 提香阶段（主脉变黄至干片 1/3）。干球 46 ℃/湿球 37～38 ℃：以 2 小时 1 ℃升至 46 ℃，中上部叶，湿球温度 38 ℃，下部叶，湿球温度 37 ℃，稳温 8～10 小时，使烟叶 80% 黄片黄筋、干片 1/3 以上。风机保持高速（变频 45 赫兹）运行。

③ 提香阶段（黄片黄筋至干片 1/2）。干球 48 ℃/湿球 37～38 ℃：以 2 小时 1 ℃升至 48 ℃，中上部叶，湿球温度 38 ℃，下部叶，湿球温度 37～38 ℃，稳温 6～8 小时，使烟叶全部黄片黄筋、干片 1/2 以上（小卷筒）。风机保持高速（变频 45 赫兹）运行。烟叶未达到黄片黄筋、小卷筒时，不允许超过 48 ℃。

④ 固香阶段（支脉干燥至干片 2/3）。干球 52 ℃/湿球 39～40 ℃：以 1 小时 1 ℃升至 52 ℃，保温 6 小时，中下部叶，湿球温度 39～40 ℃，上部叶、片大烟叶、雨后烟叶，湿球温度 38～39 ℃，稳温稳湿至烟

叶干片 2/3。风机保持高速～中速（变频 45～40 赫兹）运行。

⑤ 固香阶段（主脉干燥至叶片全干）。干球 54 ℃/湿球 39～40 ℃：以 1 小时 1 ℃升至 54 ℃，保温 8 小时，中下部叶，湿球温度 40 ℃，上部叶、片大烟叶，湿球温度 39 ℃，稳温稳湿至烟叶全部干片（大卷筒）。风机保持中速（变频 40 赫兹）运行。

（3）干筋阶段技术操作

① 保香阶段（稳温干筋至 9/10 干筋）。干球 63 ℃/湿球 41～42 ℃：以 1 小时 1 ℃升至 63 ℃，保温 10 小时，中下部叶，湿球温度 41～42 ℃，上部叶、片大烟叶，湿球温度 40～41 ℃，稳温稳湿直到少数烟叶主脉 3～5 厘米未干时再升温。风机低速（变频 35 赫兹）运行。

② 保香阶段（限温干筋至烟筋全干）。干球 65～68 ℃/湿球 41～42 ℃：以 1 小时 1 ℃升至下部叶 65 ℃、中上部叶 68 ℃，最高不超过 70 ℃，中下部叶，湿球温度 41～42 ℃，上部叶、片大烟叶，湿球温度 40～41 ℃，并保持稳定，稳温稳湿直至烟叶全部干筋。风机低速（变频 35～30 赫兹）运行。

9. 提高上部烟叶等级结构的烘烤技术有哪些？

（1）推广"上 6 片一次性采烤"，可有效减少烟叶青筋与挂灰烟区若缺少有效降水，建议采收露水烟。上部烟叶成熟标准掌握 9～10 成采收。将叶片柔软、有粘手感作为采收的重要判断指标。避免采收叶片发脆、僵硬，或采收叶面产生蜡质层的烟叶进行烘烤。

（2）缩短 36 ℃以下的变黄时间，将 38～40 ℃作为主变温度"烟叶无水不变黄"。若烘烤上部烟叶时天气少雨干旱，或含水率偏小，烟叶将变黄缓慢、难以变黄、不易失水。应在装烟前，提前往烤房内的墙壁与地面泼水 7～8 桶，以增加烤房内的湿度，利于增湿保湿变黄。

点火后烧"懒火、小火"，慢升温，4～6 小时升至 36 ℃，不要拖得过长，仅作为过渡温度，稳温 6 小时后即将干球温度升至 38 ℃，湿球温度 37～38 ℃（雨后烟叶 37 ℃，水分小的烟叶 38 ℃、干湿持平）。延长 38 ℃的稳温时间，鲜烟素质好和含水率偏小烟叶变黄 6～7 成，鲜烟素质差和含水率偏大烟叶变黄 5～6 成，叶片发暖发软，开始凋萎，风机低速（变频 35 赫兹）运行，并每隔 2～3 小时高速（变频 45 赫兹）间歇运行，每次 30～60 分钟。然后将干球温度升至 40 ℃，保持湿球温度 38 ℃，适当延长稳温时间，使烟叶变黄 7～8 成，烟叶凋萎塌架，风机低速～中速（变频 35～40 赫兹）运行。

（3）把 41～42 ℃作为烟叶支脉变黄、主脉变软、叶片失水凋萎的主要温度　将干球温度升至 42 ℃，保持湿球温度 38 ℃（雨后烟叶、含水率偏大烟叶可采取前期 38 ℃、后期 37 ℃的方式），适当延长稳温时间，使烟叶变黄 9～10 成，烟叶全部凋萎塌架，主脉发软、勾尖卷边，干尖 3～5 厘米，风机中速～高速（变频 40～45 赫兹）运行。

（4）转火后，定色前期慢升温，定色后期提高湿球温度、降低风速　转火后，慢升温、稳排湿，烧火要稳、升温要准，避免湿球温度忽高忽低。每 2～3 小时升温 1 ℃，定色前期干球 44～48 ℃/湿球 38 ℃（雨后烟叶、含水率偏大烟叶干球 44 ℃/湿球 37 ℃），并在 44 ℃、46 ℃、48 ℃分别稳温 8～10 小时，干球温度 48 ℃是黄烟等青烟的临界温度，可使已完成变黄烟叶及时干片，并促使青筋烟叶继续变黄，超过这一临界温度，烟筋变黄将难以完成。在这一控温点上，烟叶要达到黄片黄筋、干片 1/2（小卷筒）。然后 2 小时升温 1 ℃，逐步升至定色后期（52～54 ℃），提高湿球温度至 39～40 ℃，保温保湿至全炉叶片全干（大卷筒），风机中速～低速（变频 40～35 赫兹）运行。

（5）干筋阶段提高湿球温度，降低风速，限定干筋最高温度　以每小时升温 1 ℃至干球 63 ℃/湿球 41 ℃，保温 8～10 小时，直到少数烟叶主脉 3～5 厘米未干时，再以每小时升温 1 ℃至干球 68 ℃/湿球 41～42 ℃，最高不得超过 70 ℃，稳温稳湿直至全部干筋，风机低速（变频 35～30 赫兹）运行。若定色后期和干筋阶段湿球温度偏低，通风过量，将导致烟叶干燥过快，造成烟叶颜色变淡、油分减少、叶片僵硬。

（6）对烟叶主脉粗、叶片大、身份厚以及田间营养充分（如新茬玉米地、瓜菜地）的烟叶，往往烤后烟叶颜色深暗，底色处于褐红色域内，多呈深橘色，可通过降低湿球温度来加以改善。干球 50～53 ℃/

湿球 38 ℃，干球 54～55 ℃/湿球 39 ℃，干球 56～63 ℃/湿球 39～40 ℃，干球 65～68 ℃/湿球 40 ℃。

10. 上部烟叶带茎烘烤应注意哪些要点？

（1）上部烟叶带茎烘烤的优点

① 补充烤房内水分，增加烤房湿度，促进烟叶变黄与失水。

② 显著减少烤后烟叶青筋青片、挂灰及僵硬叶片的产生。

③ 烤后烟叶身份变薄，油分增加，叶片柔软，弹性增强，显著提高等级结构，提升烟叶经济性状与烟叶工业可用性。

（2）上部带茎烘烤效果明显的烟叶类型

① 上部"叶片发脆、出现蜡质层"烟叶。

② 上部长期干旱烟叶。

③ 上部成熟度偏低烟叶。

④ 上部烟叶开片良好，叶片长度≥50 厘米，烤后达到 B2F 等级的烟叶。

（3）上部带茎烟叶的采收与挂烟

① 中部叶采收后停烤 7～10 天，使上部叶充分成熟，待顶部 2 片达到"叶面 90％～100％淡黄色、主脉基本变白"时进行 4～6 片一次性带茎采收。对烤后质量达不到 B3F 等级的烟叶作弃烤处理。

② 正常天气带茎采收一般在晴天 10：00 后进行；多雨季节一般在晴天 15：00 左右展开。

③ 装烟量以 350～400 杆（10～14 亩）为宜，干旱天气标准烟杆挂 35～38 株，多雨天气挂 32～35 株。若烟茎过长或叶片过多，可采取"一分为二"的方法。

（4）上部带茎烟叶的烘烤方法

① 烘烤时降水偏少用高湿烘烤，降水偏多用低湿烘烤。

② 带茎烘烤一般比正常烘烤湿球温度降低 0.5～1 ℃。

③ 带茎烘烤操作要点。变黄前期（38 ℃）的干、湿球温度与上部正常烘烤基本相同。变黄中期（40 ℃）的湿球温度比上部正常烘烤降低 0.5 ℃。变黄后期（42 ℃）与定色前期（44～48 ℃）的湿球温度比上部正常烘烤降低 0.5～1 ℃。定色后期（52～54 ℃）与干筋

前期（60～63 ℃）的湿球温度比上部正常烘烤降低 1 ℃。干筋后期（64～68 ℃）的湿球温度比上部正常烘烤降低 1～1.5 ℃。

11. 如何快速有效地对烤后烟叶进行回潮？

烟叶烘烤干片后，含水率仍有 4%～5%，这种烟叶不能进行卸烟操作与分级处理，需要回潮至含水率 16%～18%时才能卸烟，外观表现出烟筋稍软不易断，手握稍有声，不易碎。进入白露季节后，昼夜温差加大，空气中所含水分明显降低，随着凉风吹起，烟叶自然回潮缓慢，甚至难以回潮，直接影响烤房周转。目前生产上一般采用两种回潮方法：一种是超声波回潮法，此法回潮时间长，高达 6～8 小时，烟叶回潮较为均匀。另一种是水分雾化直喷法，此法通过水泵将水高压雾化后直接喷在烟叶上，回潮时间相对偏短，基本 30～40 分钟即可，但易造成烟叶局部潮红，存在回潮不均匀问题。若控制不好雾化程度与喷施时间，极易导致烟叶回潮水分过大、造成烟叶变褐或变黑。

烟叶回潮需要具备两个条件：一是烤房内具备一定温度，在 44～46 ℃回潮最适宜，最低温度 42～43 ℃；二是回潮水分最好具有一定温度，烟叶回潮速度会明显加快，并提高回潮均匀性。若烤房内温度偏高，回潮易产生潮红；若烤房内温度偏低，回潮时间延长、回潮不均匀，甚至叶片滴水也难以达到回潮效果，若放置时间过长，往往出现烟叶潮红导致的叶片褐变或霉变现象。

12. 什么是返青烟叶？如何提高采烤质量？

返青烟叶一般包括两种类型：一种是正常烟叶遇雨后的返青。进入成熟期的中、下部烟叶，遇到阵雨或小雨 8～12 小时，烟叶即出现返青，叶片表现出发绿、发脆的外观表征，烟叶烤后往往出现青筋青片和糟尖糟边的烤糟现象；另一种是旺长期持续高温干旱或干旱时间60 天左右，进入成熟期时，旱情解除，导致烟株后发的"二次生长"，大田后期烟株贪青晚熟、落黄缓慢，上部叶片表现出叶厚筋粗、叶脆僵硬、叶面形成蜡质层的外观表征，烤后烟叶往往出现青筋青片和底色灰暗、棕褐色的挂灰现象。

（1）正常烟叶遇雨返青（即雨后下部叶、含水率偏大烟叶）

① 烟叶遇雨返青后，暂停采收。在晴天日晒 2～3 天后，烟叶呈现成熟特征时再进行采烤。若天气持续阴雨寡照时间较长，可利用短时无雨窗口期及时采收，但成熟度较正常烟叶低 1 成，即下部叶 5～6 成，中部叶 7～8 成，避免下部叶因营养消耗过多产生"底烘"现象。

② 减少装烟量，稀编（夹）烟叶，适当加大挂烟杆距。装烟后，对雨后日晒烟叶吹风 6～8 小时，对雨中采收烟叶吹风 8～10 小时，采取"敞开房门、中高速（变频 40～45 赫兹）交替变换"的直吹方式。

③ 烘烤工艺调整。这类烟叶往往叶表面自由水和细胞内的结合水较多，比正常烟叶含水率高 3%～8%。干物质积累偏少、身份偏薄，烟叶耐烤性较弱，在烘烤中变黄快、失水快，烟叶烤后或片薄色淡，或糟尖糟边。因此，这类烟叶以拿水为主，采取"先拿水、后拿色"的技术措施，将"高温低湿变黄，降低变黄程度，中温适湿慢烤定色，中湿低速限温干筋"作为技术关键。

第 1 步：点火后 4～6 小时将干球温度升至 38 ℃，保温 4～6 小时，湿球温度前期 38 ℃、后期 37 ℃，烟叶发暖、出汗，风机低速（变频 35 赫兹）运行。

第 2 步：再将干球温度升至 40 ℃，保温 17～20 小时，湿球温度前期 38 ℃、中期 37 ℃、后期 36 ℃，烟叶变黄 6～7 成，烟叶凋萎塌架，风机中速（变频 40 赫兹）运行。在 38～40 ℃每隔 2～3 小时间歇高速运行（变频 45 赫兹），每次 30～60 分钟。

第 3 步：将干球温度升至 42 ℃，保持湿球温度 36 ℃，保温 15～18 小时，使烟叶变黄 8～9 成、主脉变软、烟叶勾尖卷边（干尖 6～8 厘米），风机高速（变频 45 赫兹）运行。

第 4 步：将干球温度升至 44 ℃，保持湿球温度前期 36 ℃、后期 37 ℃，保温 8～12 小时，烟叶干尖 15～20 厘米，烟叶 60% 黄片黄筋，风机高速（变频 45 赫兹）运行。

第 5 步：升至干球 46 ℃/湿球 37 ℃，保温 6～8 小时，烟叶干片 1/3 以上（软打筒），烟叶 80% 黄片黄筋，风机高速（变频 45 赫兹）

运行。

第 6 步：升至干球 48 ℃/湿球 38 ℃，保温 8～10 小时，烟叶干片 1/2 以上（小卷筒），烟叶全部达到黄片黄筋，风机高速（变频 45 赫兹）运行。

第 7 步：升至干球 52 ℃/湿球 38～39 ℃，保温 6～8 小时，烟叶干片 2/3，风机高速～中速（变频 45～40 赫兹）运行。

第 8 步：升至干球 54 ℃/湿球 39～40 ℃，保温 8～10 小时，烟叶全部干片，风机中速（变频 40 赫兹）运行。

第 9 步：升至干球 63 ℃/湿球 40 ℃，保温 10 小时，仅有叶柄 5～7 厘米未干，风机低速（变频 35 赫兹）运行。

第 10 步：升至干球 66 ℃/湿球 41 ℃，保温 12 小时，烟筋全干，风机低速（变频 35 赫兹）运行。

（2）烟叶后发形成的返青（即营养过剩、叶片发脆、僵硬烟叶）

① 烟叶成熟度的掌握。这类烟叶一般贪青晚熟，不易分层落黄，经常出现上部烟叶提前落黄的现象。随着立秋季节的到来，尤其是白露后，昼夜温差加大，气温在 20 ℃以下，烟叶难以达到真正的成熟。在烟叶采收时，烟叶成熟度尽量要高，将鲜烟叶柔软度（叶片柔软）、粘手感（叶片明显粘手）作为烟叶采收的重要判断指标。在上部烟叶达到 6～7 成黄，并附加"软、粘"就可以采收了。要打破部位的要求，哪里泛黄发软就采哪里。在编烟与装烟时一定要按部位进行，编杆要部位一致。对于气流下降式烤房，挂杆时要做到下部叶挂低层、中部叶挂中层、上部叶挂顶层。

② 烟叶采收时间的把控。采收时间要掌控好，避免早上或上午采收，可在 14:00—14:30 进行（当天气温最高时），运输回来的烟叶采取叶柄朝上放置，第二天进行编烟、装烟，下午傍晚点火烘烤。经过 24 小时的放置，使烟叶通过呼吸作用，消耗叶片部分营养，可使烟叶失水率达 5% 左右，有利于促进叶片叶绿素分解与结合水的散失。

③ 烘烤工艺调整。这类烟叶的外观表征看似含水率较大，其实仅结合水含量较多，叶表面自由水绝对含量较少，比正常烟叶含水率偏低 3% 左右。田间烟叶干物质积累较丰富、叶片较大、片厚筋粗，

不易落黄成熟。在烘烤中保水力强、不易失水、变黄缓慢,烤后烟叶易青筋青片或挂灰。因此,变黄初期以保湿变黄为主,采取"先拿色、后拿水"的技术措施,将"高温高湿变黄,让温度缓慢升,使湿度逐渐降;低温低湿慢烤定色,加大定色前期失水干燥程度"作为技术关键。

第1步:点火后(一般4~6小时)在确保不促青的情况下,尽快将干球温度升至38℃,湿球温度保持38℃或37.5℃,保温4~6小时后,升至干球温度39℃、保持湿球温度38.5℃,保温10~12小时,使烟叶发暖,叶尖开始发软。风机低速(变频35赫兹)运行。

第2步:将干球温度升至40℃,湿球温度前期39℃、后期38℃,保温26~30小时,叶片变黄4~5成,叶片开始凋萎。再升至干球温度41℃,湿球温度前期38℃、后期37℃,延长变黄时间,使叶片变黄6~7成,叶片凋萎塌架。风机低速~中速(变频35~40赫兹)运行。

第3步:将干球温度升至42℃,湿球温度前期37℃、后期36℃(若烟叶主脉粗、叶片大,湿球温度35℃),稳温22~26小时,使烟叶变黄7~8成、主脉变软、干尖10~15厘米。再升至43℃,湿球温度36℃(若烟叶主脉粗、叶片大,湿球温度35℃),烟叶变黄8~9成、干尖20厘米以上。风机中速~高速(变频40~45赫兹)运行。

第4步:将干球温度升至44℃,湿球温度36℃(若烟叶主脉粗、叶片大,湿球温度前期35℃、后期36℃),烟叶80%黄片黄筋,干片1/3以上。风机高速(变频45赫兹)运行。

第5步:将干球温度升至45~46℃,湿球温度37℃(若烟叶主脉粗、叶片大,湿球温度36℃),烟叶全部黄片黄筋、干片1/2以上。风机高速(变频45赫兹)运行。

第6步:将干球温度升至47~48℃,湿球温度38℃(若烟叶主脉粗、叶片大,湿球温度37℃),烟叶干片2/3以上。风机高速(变频45赫兹)运行。

第7步:升至干球50℃/湿球38℃,烟叶全部干片(最迟52℃全部达到)。风机高速(变频45赫兹)运行。

第 8 步：升至干球 54 ℃/湿球 39 ℃，保温 4~5 小时。风机中速（变频 40 赫兹）运行。

第 9 步：升至干球 63 ℃/湿球 40 ℃，保温 10 小时，仅有叶柄 5~7 厘米未干。风机中速~低速（变频 40~35 赫兹）运行。

第 10 步：升至干球 68 ℃/湿球 41 ℃，保温 12 小时，烟筋全干。风机低速（变频 35 赫兹）运行。

在这类烟叶的烘烤操作中，变黄阶段将"让温度慢慢升、使湿度慢慢降"作为操作重点，否则由于烟叶失水不够易发生棕色化反应。定色阶段的"低温低湿慢烤定色"就是使烟叶失水、干燥程度比正常烟叶大大提前完成，由此阻断了棕色化反应发生的条件（即水分含量偏高激发氧化酶活性）。对这类烟叶烘烤的目的就是减少副组率（主要是青筋青片和挂灰烟叶）产生及提高烟叶的黄烟率与商品率，实现烟叶商品价值的最大化。而烤后烟叶的僵硬问题（僵片）难以通过烘烤工艺的调整得以显著改善。

13. 烘烤过程中烟叶变黄的规律是什么？

（1）叶绿素的降解

① 变黄前期。烟叶叶绿素降解缓慢而且较少。

② 12~24 小时。降解速度和降解量迅速增加。

③ 24~48 小时。这一阶段叶绿素降解最快，降解量最大。

④ 48 小时以后。叶内叶绿素含量较少，降解速度又趋于减慢。

（2）烟叶变黄的条件

① 温度。烟叶在 25~45 ℃都能变黄，但适宜变黄温度为 32~45 ℃，最适宜温度为 38~42 ℃。

② 湿度。烟叶在相对湿度 70%~98%都能变黄，适宜变黄湿度为 70%~90%（湿球温度 36~39 ℃），最适宜湿度为 80%~85%（湿球温度 37~38 ℃）。

（3）烟叶变黄特点

① 叶片为叶尖、叶缘—叶面—叶基。叶脉为支脉—侧脉—主脉。叶面为正面—背面。组织为叶表—叶肉。

② 变黄规律。烟叶一般叶尖先变黄，而后叶缘变黄，再向叶面、

叶基部发展，最后是叶脉变黄。下部叶表现为"通身变黄"，中部叶表现为"叶尖先黄"，上部叶表现为"叶面先黄"，遮阴严重的下部叶"叶基先黄"或"点片变黄"。

（4）烟叶变黄程度判断

① 诊断方法。主要靠视觉判断，有很大的主观成分和经验性。一般按照实际变黄面积占烟叶面积的百分比进行估算。

6 成黄：以绿色为主，有黄色显现，叶尖、叶缘黄色明显。

7 成黄：叶尖、叶缘呈黄色，其他部分呈明显青色。

8 成黄：叶尖、叶缘全部呈黄色，基部、主脉和一级支脉两侧含青色。

9 成黄：黄片青筋。叶片全部呈黄色，仅主脉两侧和一级支脉含青。

10 成黄：黄片黄筋（或呈乳白色）。叶片、支脉全部呈黄色，不含青。

② 部位判断。不同部位应根据烟面与烟筋变黄程度灵活掌握转火时机。

下部叶：叶片较薄，内含物质少，变黄速度较快，由叶尖变黄的特征不太明显，往往是"通身变黄"。当浅绿色消退，黄绿色显现时，叶面变黄80％～90％要及时升温转入定色期。若变黄时间较长，则烤出来的烟叶轻者"挂灰"，重者呈褐色糟片。

中部叶：内含充实，变黄特征明显，当叶面变黄≥90％时即可转入定色期。

上部叶：组织相对紧密，含水率小，变黄较慢，叶片正面变黄速度比叶片背面快。判断烟叶变黄程度，既要观察叶片正面，又要观察叶片背面，当背面变黄达到≥90％要求时即可转入定色期。

烟筋：变黄速度较慢，完成变黄需较高温度。一般下部叶 45～46℃、中部叶 46～48℃、上部叶 47～49℃完成变黄。烟筋粗大时，要在 50～51℃才能完成烟筋变黄。

14. 如何避免烟叶烘烤过程中棕色化反应的发生？

棕色化反应是指在烟叶烘烤过程中，由于酶的活动和物质转化，使烟叶颜色由黄逐渐变深，最终呈棕色或褐色的变化过程。包括酶促棕色化和非酶促棕色化两个反应。

酶促棕色化反应：主要发生在变黄末期和定色期。叶内氧化酶活性增强，氧化还原平衡被破坏，细胞内多酚类物质被氧化而不能被还原，其氧化产物（叶内深色物质）不断积累，使烟叶颜色不断加深。其实质是叶内的多酚类物质被氧化为褐色醌类物质。

非酶促棕色化反应：主要发生在定色期和干筋期。叶内糖与氨基酸发生缩合反应，形成多种复杂的化合物，使烟叶颜色加深。适度的棕色化反应，特别是非酶促棕色化反应对提高烟叶的香气质量是有利的。

（1）棕色化反应发生的条件

① 变黄后期烟叶含水率。变黄后期烟叶含水率大，失水量在30%以下，叶片硬变黄。

② 烟叶细胞结构被破坏。细胞汁液大量外渗，细胞内多酚类物质与多酚氧化酶混杂在一起，酶活性又较高，容易促进棕色化反应的发生。

③ 多酚氧化酶活性。定色期多酚氧化酶活性越高，烟叶褐变速度越快。

④ 烘烤温度条件。干球温度在43℃以下很少发生褐变，干球温度45~55℃是易发生褐变的主要温度段，但此时若烟叶失水50%以上不易变褐。

⑤ 烘烤湿度条件。定色期高温高湿容易发生棕色化反应，特别是干球温度45~50℃时湿球温度过高，烤房内相对湿度在60%以上，而烟叶失水量又小于50%，最易导致棕色化反应的发生。烤房内相对湿度80%以上，温度低于43℃时棕色化反应不显著，温度高于44℃时开始变褐，温度达到50~54℃时特别显著（5~7分钟即可发生）。

（2）棕色化反应的调控

① 及时转火定色，避免烟叶养分消耗过度。烟叶变黄过度容易发生棕色化反应，因此应准确判断烟叶变黄程度，及时转火定色。

② 变黄期确保黄干协调，防止烟叶硬变黄，这是防止烟叶褐变

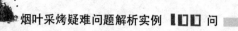

的主要措施。

③ 防止定色期干球温度上升过急过快，减轻高温对烟叶的伤害，防止过早破坏细胞膜结构而诱发褐变。

④ 控制多酚氧化酶活性。多酚氧化酶在温度 45～50 ℃、湿度 60％以上时被活化，而在干球温度 55 ℃、相对湿度 60％以下时受抑制。因此，在 45～47 ℃以前使烟叶失水 50％以上，保持湿度 60％以下（叶片小卷筒），可有效避免棕色化反应的发生。

四、简　答　篇

　　在烟叶烘烤实践中，受烤房种类（气流下降式、气流上升式、集装箱式等）、风机风速形式（挡位式、变频式、直通式等）、鲜烟素质（含水率偏大、含水率偏小、干旱烟、后发烟、黑暴烟等）及施肥水平、烘烤习惯的诸多因素影响，目前烟叶"长好而烤不好"的现象时常发生，直接影响并阻碍着烟叶烘烤质量的提高与烟农朋友经济效益的提升。

1. 青黄烟是如何形成的？有效消减策略有哪些？

（1）产生原因

① 采收烟叶成熟不够或不一致，编烟时鲜烟不分类，成熟度偏低的烟叶极易烤青。

② 点火温度偏高（≥40 ℃），风速偏大（挡位风机高速或变频风机 45 赫兹），高温层烟叶基部易出现叶柄烤青（青把头）。

③ 变黄温度高，湿球温度低，风速偏大，40～42 ℃凋萎时间偏短，烟叶变黄程度不够，转火过早。

④ 定色前期（44～48 ℃）升温过急过快，湿球温度偏低，稳温时间偏短，烟筋和叶片中残存的青色未能完全分解（未达到黄片黄筋），易造成烟叶浮青、里青、青筋和叶基部带青。这一情况在生产中较为普遍。

⑤ 装烟密度小且不均匀，装烟稀的叶间隙处易形成热风循环通道，叶片失水干燥过快导致青筋青片。

⑥ 中、下部烟叶在烟株上表现出叶片发黄似成熟、主脉与 1 级支脉明显发绿的现象，烤后烟叶往往 1 级支脉含青，这是由烟株缺镁导致的。

（2）解决方法

① 提高烟叶成熟度，做好鲜烟分类，分别编烟装炉。

② 点火后慢升温，要烧"懒火"，对鲜烟素质差或含水率大的烟叶（如下部叶）升至 38 ℃稳温 4～6 小时；对鲜烟素质好或含水率小的烟叶（如上部叶）升至 36 ℃稳温 4～6 小时。风机采取低速运行（变频风机 30～35 赫兹）。

③ 变黄温度与湿球要适宜，提高烟叶变黄程度，烟叶充分变黄后方能转火定色。

在正常情况下（以中部烟叶为例），变黄前期干球 38 ℃/湿球 37～38 ℃，烟叶变黄 5～6 成，叶片变暖、出汗，叶片开始发软，风机低速（变频风机 30～35 赫兹）运行；变黄中期干球 40 ℃/湿球 38 ℃，烟叶变黄 7～8 成，叶片凋萎塌架，风机低速～中速（变频风机 35～40 赫兹）运行；变黄后期干球 42 ℃/湿球 37 ℃，烟叶变黄 9～10 成，主脉发软，叶片勾尖卷边，风机中速～高速（变频风机 40～45 赫兹）运行。若烘烤上部叶或较厚烟叶，延长 40～42 ℃凋萎时间，在烟叶变黄后再推迟 6～8 小时转火定色。

④ 转火后慢升温、控好温，延长干球 44～48 ℃/湿球 37～38 ℃的稳温时间（采取逐步升温方式，每 2～3 小时升 1 ℃，每升 1 ℃保温 4～6 小时），这是消除青筋最有效的方法。

⑤ 装烟量与编烟量适当，杆距合理一致。一般下部叶 300～360 杆、杆距 16～18 厘米，中部叶 390～420 杆、杆距 15～16 厘米，上部叶 420～450 杆、杆距 14～15 厘米。在烟叶含水率偏大情况下，下部叶为烟杆 100～110 片、烟夹 9～10 千克，中部叶为烟杆 120～130 片、烟夹 10～11 千克，上部叶为烟杆 140～150 片、烟夹 11～12 千克。在烟叶含水率偏小情况下，下部叶为烟杆 120～130 片、烟夹 10～11 千克，中部叶为烟杆 140～150 片、烟夹 11～12 千克，上部叶为烟杆 170～180 片、烟夹 12～13 千克。

⑥ 对于田间烟株片黄脉绿的缺镁烟田，每亩补充农用氢氧化镁 10～15 千克作基肥施用，若土壤沙性较强，可增加至 20 千克，可起到明显减少 1 级支脉含青的作用。

2. 挂灰烟是如何形成的？有效消减策略有哪些？

（1）产生原因

① 营养不协调，施肥过多，追肥偏晚。

② 烟叶过熟或上部烟叶欠熟。

③ 变黄中期（40 ℃）和变黄后期（42 ℃）烟叶失水不够，凋萎时间偏短，烟叶形成硬变黄。

④ 低温（干球温度≤36 ℃）变黄时间过长，变黄程度过度，烟叶养分消耗过大。

⑤ 转火后，定色前期（44～48 ℃）升温过急过快（短时间内比控制温度升高了 2 ℃以上），风速偏低，排湿不畅，已经汽化的水分不能及时排出，凝聚在叶片中间部位，引起"热挂灰"。

⑥ 定色阶段（尤其是定色前期）严重降温（比控制温度降低了 2 ℃以上且时间＞3 小时）或者冷空气侵入烤房，引起烤房或局部

温度下降，使水汽凝结在烤干或接近烤干的叶尖部位，形成"冷挂灰"。

⑦ 装烟量偏大，编烟片数过多，挂烟杆距过小，烟叶拥挤；另外，风速偏低，排湿不畅，叶片正面水分排不出来造成叶片挂灰（褐色或黑褐色）。

⑧ 上部烟叶在烟株上表现出叶面发黄并含有黄泡白斑、主脉与1级支脉明显发绿，烤后烟叶多呈灰暗、无光泽、浅棕色及挂灰现象，这是由烟株缺镁造成的。

⑨ 除草剂施用频次偏多、用量过大、浓度过高、使用时间偏晚等原因造成药害。

（2）解决方法

① 平衡施肥，促进烟叶发育协调、均衡生长。

② 适时采收成熟烟叶，避免烟叶未熟和过熟采收。

③ 烟叶变黄与失水要协调，延长 40～42 ℃凋萎时间。变黄中期（40 ℃）烟叶变黄 7～8 成，叶片凋萎塌架（烟叶失水 20％～25％），变黄后期（42 ℃）烟叶变黄 9～10 成，主脉发软（烟叶失水 30％～35％），叶片勾尖卷边。

④ 将 38 ℃作为变黄初（前）期温度，减少≤36 ℃变黄时间。对鲜烟素质差或含水率大的烟叶（如下部叶），主变温度 40～42 ℃；对鲜烟素质好或含水率小的烟叶（如中、上部叶），将 36 ℃作为预热温度，主变温度 38～40 ℃。

⑤ 转火后烧火要稳、升温要准、缓慢升温，避免猛升温或大幅降温。延长 44～48 ℃时间（采取逐步升温方式，每 2～3 小时升 1 ℃，每升 1 ℃保温 4～6 小时），定色前期湿球温度 37～38 ℃（含水率大烟叶，36～37 ℃），定色后期湿球温度 39～40 ℃（含水率大烟叶，38～39 ℃）。50 ℃前烟叶务必达到黄片黄筋小卷筒（最好在 48 ℃完成）。

⑥ 对于田间烟株上部烟叶片黄脉绿的缺镁烟田，每亩补充农用氢氧化镁 10～15 千克作基肥施用，可起到明显减少烟叶挂灰作用。

⑦ 禁止施用除草剂，或根据用工成本减少施用量和次数，建议仅在移栽时垄沟喷施 1 次。

3. 集装箱式烤房门口处烤糟烟是怎么形成的？如何消减？

（1）产生原因

①集装箱的长×宽×高＝12.0米×2.30米×2.70米，改装后装烟室长度变为9.50米，比标准烤房长度增加了1.50米。在风机功率一定的情况下，热量不能及时输送到门口位置，导致门口热量"偏温"。

② 受集装箱高度的影响，挂烟架间距偏小，为保障烤房的承载能力，采取叠层挂烟方式，造成烤房内气流穿透力变弱，风量传递到门口时已变成"弱风"，导致局部排湿不畅而使烟叶烤黑烤糟。

③ 门口处装烟量偏多，烟杆（夹）间距偏小，造成局部拥挤。

（2）解决方法

① 增加热风口位置的挂烟密度，避免分风热量过大；减少门口低温区1.5米的挂烟量，并采取上密下稀的装烟方式，以增大局部热量与风量的传导输送。

② 对烤房下端的百叶窗排湿口，采取逐步增大的方式，即将靠近加热室的排湿窗开启1/3～1/2，中间位置排湿窗开启1/2～2/3，门口位置排湿窗全开或增大排湿口面积。

③ 在距加热室1米的烤房顶板上，加装2台小功率的"涵洞式风机"，以补充门口处风量与热量的不足。

④ 对于含水率偏大烟叶，在减少装烟量的基础上，灵活降低40～46℃的湿球温度，较正常烟叶降低0.5～1℃。

⑤ 对于降水偏多、肥料偏多形成的片大筋粗、含水率过大烟叶，建议将三层挂烟变为二层烘烤，以减少烤房承载量。

4. 气流下降式烤房顶层门口处为何常出现"青把头"烟叶？如何解决？

（1）产生原因

① 顶层装烟过密，起点（点火后）温度偏高，升温速度过快（短时间温度≥40℃），风速偏大。

② 顶层门口处存在空隙（缺少1杆烟），形成气流通道，热风集

中穿过门口处，造成门口位置温度偏高（局部温度短时间超过了40 ℃）。

（2）解决方法

① 顶层装烟密度适当，本着"含水率大稀挂，含水率小密挂"的原则，杆距以下部叶 16～18 厘米、中部叶 15～16 厘米、上部叶14～15 厘米为宜。

② 起点温度不宜过高，应根据鲜烟素质与外界环境温度灵活掌握。一般鲜烟素质好（如中部烟叶）或外界温度低（如上部烟叶烘烤季节），在点火 6 小时后升至 36 ℃，稳温 4～6 小时后再升温；对于鲜烟素质差（如雨后下部烟叶）或外界温度高，在点火 4 小时后升至38 ℃，稳温 8～10 小时或烟叶变黄 4 成左右即可升温至 40 ℃。

③ 门口处挂烟松紧适宜，不留空隙，避免形成气流循环通道。

④ 变黄前期（38 ℃）和变黄中期（40 ℃）避免风机持续高速运行，根据烟叶部位和烟叶含水率，灵活运用低速～中速（变频风机35～40 赫兹）挡位或交替使用。

5. 气流下降式烤房底层门口或前 1/3 处为何常出现烤糟烟？如何避免？

（1）产生原因

① 低温（≤36 ℃）变黄时间过长，底层温度偏低，烟叶变黄与失水缓慢。

② 变黄前期（38 ℃）与变黄中期（40 ℃）风速偏小，导致底层温度过低，烟叶变黄与失水不协调。

③ 底层门口或 1/3 处装烟过密或过于拥挤，堵塞了热风循环路径，导致门口处温度偏低、湿度偏高，烟叶失水缓慢，造成烟叶内含物质消耗过度而烤糟。

（2）解决方法

① 减少低温变黄时间，将干球温度 36 ℃作为过渡温度。对于含水率大、素质差的烟叶（如雨后烟叶、下部叶），以 40～42 ℃作为主变温度；对于含水率小、素质好的烟叶（如中、上部叶），以 38～40 ℃作为主变温度；适当延长烟叶的凋萎时间。

② 变黄前期（38 ℃）和变黄中期（40 ℃）避免风机持续低速运行，根据烟叶部位和烟叶含水率灵活运用低速～中速（变频风机 35～40 赫兹）挡位。对装烟多、含水率大的下部烟叶，在变黄前期每隔 2～3 小时间歇使用高速（变频风机 40～45 赫兹）挡位，每次运行 30～60 分钟。

③ 合理分配各层挂烟数量和杆距，避免底层或烤房门口位置挂烟过于拥挤。杆距以下部叶 16～18 厘米、中部叶 15～16 厘米、上部叶 14～15 厘米为宜。

6. 气流下降式烤房底层烟叶质量为何常优于顶层烟叶？如何改善？

（1）产生原因

① 对于雨后采收或含水率偏大烟叶，顶层装烟密度大，点火前吹风时间偏短（2～4 小时）。点火后升温过快，风速过小，局部干球温度≥41 ℃、湿球温度＞39 ℃，造成顶层烟叶短时间的局部"烫片"。

② 在 44～48 ℃大排湿阶段，若出现短时间（1～2 小时）停电现象，会造成烤房顶层湿度偏高。这一情况往往被忽略。

③ 烤房屋顶密封性不严（屋顶有裂缝），烘烤过程中降雨发生轻度渗水或漏水现象。

（2）解决方法

① 对于雨后采收或含水率偏大烟叶，适当减少装烟量，顶层杆距下部叶 18～19 厘米、中上部叶 16～17 厘米。若为雨后烟叶或装烟密度大，点火前风机吹风 8～10 小时，减少烟叶表面的自由水。

② 点火后升温避免过急过快，根据装烟量或烟叶含水率灵活确定风速大小，以变黄前期（38 ℃）低速（变频风机 30～35 赫兹）、变黄中期（40 ℃）低速～中速（变频风机 35～40 赫兹）为宜，并在变黄前期每隔 2～3 小时间歇使用高速（变频风机 40～45 赫兹）挡位，每次运行 30～60 分钟。

③ 在 44～48 ℃大排湿阶段，若出现停电现象，及时与供电部门联系并了解停电时间；若停电 1 小时以上，尽快开启备用发电机，及

时降低烤房内的湿度。

④ 在烘烤前检查烤房屋顶密封情况，若有裂缝或凹陷，及时进行维修，并建议适当增加房顶保温层厚度。

7. 气流下降式烤房顶层烟叶为何常出现烤青现象？消减技术有哪些？

（1）产生原因

① 顶层挂烟密度大，烟杆间隙过小，挂烟拥挤。

② 点火后升温过急过快，顶层温度过高（短时间温度＞40 ℃）。

③ 在烟叶含水率偏大的情况下，变黄初期风速过低（变频风机 20 赫兹左右），风压偏低，气流穿透力不足，热风循环受阻，导致顶层温度过高。

④ 在烟叶含水率偏小的情况下，变黄初期风速过高（变频风机≥40 赫兹），点火后升温过急过快，顶层热风口位置温度≥40 ℃，极易形成 2～5 杆的叶柄"促青"现象。

⑤ 烤房屋顶隔热效果差（保温层偏薄），中午太阳辐射热量与烤房炉火温度相叠加，使顶层温度≥41 ℃。

（2）解决方法

① 装烟量适当，杆距合理。一般下部叶 300～360 杆、杆距 16～18 厘米，中部叶 390～420 杆、杆距 15～16 厘米，上部叶 420～450 杆、杆距 14～15 厘米。

② 点火后升温避免过急过快，要烧"懒火"。根据装烟量或烟叶含水率灵活确定风速大小，以变黄前期（38 ℃）低速（变频风机 30～35 赫兹）、变黄中期（40 ℃）低速～中速（变频风机 35～40 赫兹）为宜，并在变黄前期每隔 2～3 小时间歇使用高速（变频风机 45 赫兹）挡位，每次运行 30～60 分钟。

③ 若中午时分在不加热的情况下烤房温度上升明显，一般与房顶隔热层偏薄有关，通知厂家进行增厚维修或在房顶设置高度 30～40 厘米的遮阳网。

④ 若烤房内温度升温过快或过高，在用煤灰压火的同时，将炉门敞开以降低炉膛温度。

8. 气流下降式烤房顶层烟叶变黄速率为何大于底层烟叶？有效改善措施有哪些？

（1）产生原因

① 温度偏低。采用了"低温变黄"烘烤方法，变黄前期温度偏低，稳温时间过长。

② 风速偏小。变黄阶段的前、中、后期风速普遍偏低，风压偏小，气流穿透力不足，使热风循环路径受阻。

③ 装烟过密。顶层挂烟密度过大或杆距偏小，导致气流通道狭小，热风循环不畅，造成顶层与底层温差≥7 ℃。

（2）解决方法

① 减少低温变黄的时间，将干球温度 36 ℃作为过渡温度。对于含水率大、素质差的烟叶（如雨后烟叶、下部叶），以 40～42 ℃作为主变温度；对于含水率小、素质好的烟叶（如中、上部叶），以38～40 ℃作为主变温度；适当延长烟叶的凋萎时间。

② 根据装烟量或烟叶含水率灵活确定风速大小，以变黄前期（38 ℃）低速（变频风机 30～35 赫兹）、变黄中期（40 ℃）低速～中速（变频风机 35～40 赫兹）、变黄后期（42 ℃）中速～高速（变频风机 40～45 赫兹）为宜，并在变黄前期每隔 2～3 小时间歇使用高速（变频风机 45 赫兹）挡位，每次运行 30～60 分钟。

③ 装烟量适当，杆距合理。一般下部叶 300～360 杆、杆距 16～18 厘米，中部叶 390～420 杆、杆距 15～16 厘米，上部叶 420～450 杆、杆距 14～15 厘米。

9. 气流下降式烤房底层门口处烟叶为何不易干燥？有效改善措施有哪些？

（1）产生原因

① 顶层挂烟密度过大或杆距偏小，导致气流通道狭小，热风循环不畅。

② 热风口下沿偏高或风机安装偏于装烟室一侧，热风输送到底

层门口处的气流偏小或偏少，这是主要原因。

③ 房门下端密封不严（密封条脱落、门角锈蚀开裂）、透风漏气，造成局部保温性能不良、温度偏低。

（2）解决方法

① 装烟量适当，杆距合理。一般下部叶 300～360 杆、杆距 16～18 厘米，中部叶 390～420 杆、杆距 15～16 厘米，上部叶 420～450 杆、杆距 14～15 厘米。

② 在热风口或风机位置不变的情况下，可在热风口内沿摆放一层躺平红砖（高度 6 厘米），用黄泥抹成斜坡，以增大向下分风的坡度。这一方法简单有效。

③ 对于跑冒漏气的房门，可在门外增加保温棉帘。

10. 气流下降式烤房排湿口附近为何常出现烤青现象？有效改善措施有哪些？

（1）产生原因

① 同层装烟密度不一致，有大有小，导致气流分风不均匀。

② 同层挂烟杆距不一致，有大有小，或烟杆斜挂，造成局部叶片拥挤或空隙，这一现象最容易产生烤青或烤糟现象。

③ 编（夹）烟数量不一致，有多有少，影响热风循环运行的均匀性。

（2）解决方法

① 装烟密度要合理，挂烟杆距要一致，编烟数量要适当。

② 在烟叶含水率偏大情况下，下部叶为烟杆 100～110 片、烟夹 9～10 千克，中部叶为烟杆 120～130 片、烟夹 10～11 千克，上部叶为烟杆 140～150 片、烟夹 11～12 千克。在烟叶含水率偏小情况下，下部叶为烟杆 120～130 片、烟夹 10～11 千克，中部叶为烟杆 140～150 片、烟夹 11～12 千克，上部叶为烟杆 170～180 片、烟夹 12～13 千克。

（3）避免烟杆长短不一，或挂烟形成斜挂，或局部出现一边拥挤一边空隙现象。

11. 气流上升式烤房顶层门口处烟叶为何不易干燥？有效改善措施有哪些？

（1）产生原因

① 房门上端密封不严（密封条脱落、门角锈蚀开裂）、透风漏气，造成局部保温性能不良、温度偏低。

② 顶层门口处挂烟密度过大，挂烟过于拥挤。

③ 热风口上沿偏低或风机安装偏于加热室一侧，热风输送到顶层门口处的气流偏小或偏少，形成"偏风、偏温"现象。

（2）解决方法

① 对于跑冒漏气的房门，可在门外增加保温棉帘。

② 避免门口处挂烟过于拥挤。

③ 在热风口或风机位置不变的情况下，在距离热风口 5.5～6.0 米的地面上，随机摆放间隔 50 厘米左右的"梅花状"式的躺平红砖（高度 6 厘米），或用黄泥抹成高度 5 厘米外高内低的斜坡，以此形成向上分风的简易装置。这一方法简单有效。

12. 气流上升式烤房顶层烟叶在风机高速运行时为何仍不易干燥？如何解决？

（1）产生原因

① 装烟量过大，超出烤房烘烤承载能力，出现"小马拉大车"现象，这是主要原因。

② 底层挂烟密度过大或杆距偏小，导致气流通道狭小，热风循环不畅。

③ 热风口上沿偏低或风机位置偏于加热室一侧，热风输送到顶底的气流偏小或偏少。

（2）解决方法

① 装烟量适当，杆距合理。一般下部叶 300～360 杆、杆距 16～18 厘米，中部叶 390～420 杆、杆距 15～16 厘米，上部叶 420～450 杆、杆距 14～15 厘米。

② 在热风口或风机位置不变的情况下，可将热风口外沿用黄泥

抹成外高（高度6厘米）内低的斜坡（宽度40～50厘米），以增大向上分风的坡度。并在距离热风口2.5～3.0米的地面上，随机摆放间隔50～80厘米的"梅花状"式的躺平红砖（高度6厘米），以此形成向上分风的简易装置。这一方法简单有效。

13. 气流上升式烤房天花板明水是怎么形成的？上层烟叶为何较下层更易烤褐或霉变？如何解决？

（1）产生原因

① 烤房房顶的保温防水层偏薄，在外界温度偏低、烤房内外温差偏大时易产生水滴。

② 烟叶含水率偏大、或装烟过多、或风速偏小，烤房天花板易形成水珠。

③ 烤房排湿口面积过小、净面积不足易导致烤房排湿不畅。这主要是烤房排湿的"百叶窗"边框占据了排湿口净面积。这在烤房改造时往往容易忽略。

（2）解决方法

① 对于房顶保温性能较差的烤房，适当增加保温防水层的厚度，确保砖混结构房顶保温层达8～10厘米，板材结构房顶保温层达6～8厘米。

② 对于含水率偏大烟叶，适当减少编烟数量、增大挂烟杆距、降低装烟数量；烘烤过程中适当增加风机风速。

③ 严格按照标准烤房的排湿口规格面积设计或改造，"百叶窗"边框不得占用排湿口净面积，确保标准烤房的2个排湿口符合40厘米×40厘米规格要求。

14. 为何下部烤后烟叶1级支脉易含青？如何消减？

（1）产生原因

① 装烟数量不足，烟杆距离偏大，烤房内湿球温度偏低。

② 在高温干旱天气下形成的下部烟叶含水率不足，装烟时没有提前泼水增湿。

③ 变黄前期（38℃）和变黄中期（40℃）湿球温度偏低（≤

35 ℃），风速设置偏高。

④ 变黄中期（40 ℃）和变黄后期（42 ℃）短时间内升温过急过高。

⑤ 烟叶缺镁（多为相对性缺镁），在降水偏多年份及沙质地块、酸化土壤尤为凸显。

（2）解决方法

① 装烟量适当，杆距合理。下部叶以烤房容量 300～360 杆、杆距 16～18 厘米为宜；若烟叶采收数量不足挂满三层，可集中在两层（将热风出口层空置），并根据烟叶含水率适当补水增湿。

② 对高温干旱天气下形成的下部烟叶，在装烟时提前向烤房补水 5～6 桶，将水均匀泼洒在墙壁和地面上（严禁叶片喷水），并采取"保湿变黄"的技术措施。

③ 变黄前期（38 ℃）的湿球温度 37 ℃，风速低速（变频风机 30～35 赫兹）运行；变黄中期（40 ℃）的湿球温度 38 ℃，风速低速～中速（变频风机 35～40 赫兹）运行，并根据装烟量或烟叶含水率灵活调整风速大小。

④ 在变黄中期（40 ℃）和变黄后期（42 ℃）烧火要稳，避免升温过急、过快、过高。

⑤ 对于田间叶片发黄、主脉和支脉发绿，烤后叶片底色发暗、1级支脉带青，主要是烟株缺镁所引起，可每亩补充农用氢氧化镁15～20 千克作基肥施用，可起到明显效果。

15. 为何中部烤后烟叶底色发暗或轻度挂灰、1 级支脉易带青？如何消减？

（1）产生原因

① 雨后采收烟叶风机吹风时间偏短，基本在 2 小时左右。

② 变黄中期（40 ℃）、变黄后期（42 ℃）与定色前期（43～48 ℃）湿球温度偏高，烟叶失水不够。

③ 烟叶缺镁（多为相对性缺镁），这一现象最为凸显与普遍。

（2）解决方法

① 对雨后采收烟叶，根据烤房装烟量或烟叶含水率，灵活掌控

风机吹风 6~8 小时，采取风机高、中速交替混合使用。

② 烟叶变黄与失水要协调，变黄中期干球 40 ℃/湿球 37~38 ℃、烟叶失水达到凋萎塌架，变黄后期干球 42 ℃/湿球 37 ℃、烟叶失水达到勾尖卷边，定色前期（43~47 ℃）湿球温度以稳定在 37~38 ℃为宜。

③ 对于田间叶片发黄、主脉和支脉发绿，烤后叶片底色发暗、1 级支脉带青，主要是烟株缺镁所引起，可每亩补充农用氢氧化镁 10~20 千克作基肥施用，可起到明显效果。

16. 中、下部烤后烟叶颜色灰暗、糟尖糟边的原因有哪些？如何消减？

（1）产生原因

① 雨后采收烟叶风机吹风时间偏短，基本在 2 小时左右。

② 低温（≤36 ℃）变黄时间过长，变黄前期（38 ℃）烟叶变黄程度偏大，养分消耗过高。

③ 变黄中期（40 ℃）与变黄后期（42 ℃）失水不够，定色前期（43~47 ℃）湿球温度偏高。

（2）解决方法

① 对雨后采收烟叶，根据烤房装烟量或烟叶含水率，灵活掌控风机吹风 6~8 小时，采取风机高、中速交替混合使用。

② 对鲜烟素质差的烟叶，缩短 38 ℃以下的变黄时间，将 40~42 ℃作为主变温度，并延长烟叶凋萎时间。

③ 烟叶变黄与失水要协调，变黄中期（40 ℃）烟叶失水应达到凋萎塌架，变黄后期（42 ℃）烟叶失水要达到勾尖卷边（下部叶干尖 6~7 厘米、中部叶干尖 4~5 厘米），定色前期（43~48 ℃）湿球温度稳定且不得偏高（一般下部叶湿球温度 36~37 ℃，中部叶湿球温度 37~38 ℃）。

17. 中、下部烤后烟叶 2 级支脉含青原因有哪些？如何消减？

（1）产生原因

① 变黄前期（38 ℃）和变黄中期（40 ℃）湿度温度偏低（<

35 ℃），风速设置偏高，烟叶失水过快。这是产生 2 级支脉含青的主要原因。

② 装烟量偏少，或挂烟杆距大小不一，或烟杆斜挂，形成空隙，使气流运行路径短路。

③ 变黄中期（40 ℃）和变黄后期（42 ℃）短时间内出现升温过急过高现象。

（2）解决方法

① 装烟量适当，杆距合理。若烟叶采收数量不足挂满三层，可集中在两层（将热风出口层空置），并根据烟叶含水率适当补水增湿。

② 变黄前期（38 ℃）湿球温度 37 ℃，风速低速（变频风机 30～35 赫兹）运行；变黄中期（40 ℃）湿球温度 37～38 ℃，风速低速～中速（变频风机 35～40 赫兹）运行。

③ 避免烟杆长短不一，或挂烟形成斜挂，或局部出现一边拥挤一边空隙现象。

④ 在变黄中期（40 ℃）和变黄后期（42 ℃）烧火要稳，避免升温过急、过快、过高。

18. 中、下部烤后烟叶颜色偏浅、色度不匀的原因有哪些? 如何改善?

（1）产生原因

① 施肥量不足，有机肥用量偏少，烟株营养不均衡，烟株出现早衰现象。

② 种植密度偏小，中、下部烟叶光照不足，通风不良，干物质积累偏少。

③ 中、下部烟叶成熟度趋于过熟采收，烤后颜色偏浅；中部烟叶欠熟采收（表现出叶尖浅黄、叶面黄绿的外观特征），烤后颜色尖深面暗，色度不均匀。

④ 低温（≤36 ℃）变黄时间过长，变黄前期（38 ℃）烟叶变黄程度偏大，干物质消耗偏多。

⑤ 定色后期（50～55 ℃）和干筋阶段湿球温度偏低，54～68 ℃风速偏高。

（2）解决方法

① 平衡施肥，增加有机肥与钾肥的比重，促进烟叶发育协调，利于烟叶油分与色度的提高。

② 采取宽垄窄株移栽方式，培育营养型中棵烟，增加田间透光率。

③ 坚持下部早采、中部适采，避免下、中部过熟和中部欠熟采收。

④ 对鲜烟素质差的烟叶，缩短 38 ℃以下的变黄时间，将 40～42 ℃作为主变温度，适当降低变黄程度，加大烟叶失水干燥程度。

⑤ 提高定色后期和干筋阶段的湿球温度，定色后期控制湿球温度 39～40 ℃，风速中速（变频风机 40～35 赫兹）运行，干筋阶段湿球温度保持 41～42 ℃，风速低速（变频风机 35～30 赫兹）运行。

19. 持续高温干旱的下部烟叶为何烤后叶尖易挂灰？如何消减？

（1）产生原因

① 高温干旱条件下，叶片在烟株上表现出叶尖 1/3 明显发黄（叶中至叶基褪绿泛黄），这是"高温逼熟"现象，已对叶尖 1/3 处造成高温伤害，导致叶片细胞失去活性。

② 采取了"低温保湿"的烘烤方法，低温烘烤时间偏长，装烟时没有泼水增湿或补水不足。

③ 在变黄后期（42 ℃）和定色前期（43～46 ℃）湿球温度偏高，烟叶失水干燥程度不够。

（2）解决方法

① 在高温干旱条件下，下部烟叶或准腰叶的成熟采收标准以烟叶褪绿泛黄、叶片粘手、不带茎皮（叶耳基本完整）为宜。

② 采取"适温适湿延时变黄，温度慢慢升、湿度缓缓降"的烘烤方法，缩短 38 ℃烘烤时间，将 40～42 ℃作为主变温度，湿球温度由 39.5 ℃缓慢降至 36 ℃。装烟时烤房补水 6～8 桶，将水均匀泼洒在墙壁和地面上。

③ 高温干旱条件下形成的烟叶，在烘烤中一般表现出变黄慢、失水慢、保水力强的特性，在变黄后期（42 ℃）和定色前期（43～46 ℃）要加大烟叶失水与干燥程度。在干球 42 ℃/湿球 35～36 ℃时，叶片干燥 15～20 厘米；干球 44 ℃/湿球 36 ℃时，叶片干燥≥1/3 以

上；干球 46 ℃/湿球 37 ℃时，叶片干燥 1/2；干球 48 ℃/湿球 37～38 ℃时，叶片干燥 2/3 以上。

20. 造成烤房中间橦梁处烟叶青筋青片原因有哪些？如何消减？

（1）产生原因

① 新建烤房橦梁多采用 6 厘米×6 厘米角铁制作，烤房左右两路中间角铁橦梁焊接后形成一条 6 厘米的缝隙，左右两路挂烟又形成 5～8 厘米的间隙，左中右叠加组成了 11～14 厘米的空隙，易导致热风循环时气流运行短路，造成有规律的不同程度的局部烤青现象。这是主要原因。

② 点火后升温过急过快，变黄前期温度偏高，风机风速偏大，持续采用高速运行，也会导致橦梁空隙处烟叶距离热风口越近烤青越重的现象。

（2）解决方法

① 将烤房中间角铁橦梁焊接后形成的 6 厘米缝隙，用泡沫板填充堵塞即可，这是最简单有效的方法。

② 在编杆或夹烟时，烟杆（夹）两端留有 6 厘米的空闲，保证左右两路挂烟后橦梁处不留空隙。

③ 点火后慢升温，在变黄阶段烧"懒火"与"小火"，根据装烟量或烟叶含水率，变黄前期灵活掌控风机低速～中速（变频风机 30～35 赫兹）运行，并每隔 2～3 小时间歇高速（变频风机 45 赫兹）运行，每次运行 30～60 分钟。

21. 哪些因素会造成烤后烟叶出现"霉把头"现象？如何解决？

（1）产生原因

① 这种霉烂现象多发生于阴雨天气采收的烟叶，或烤房排湿不畅，或风机功率偏小，或装烟量偏大、出现"小马拉大车"。

② 对烤房内存在的上年度霉梗烂叶没有及时清理干净。

③ 由霉烂病原菌"米根霉"造成。在低温高湿环境下易发生，主要发生在变黄阶段 38～40 ℃，烤房内湿度偏高，持续保湿变黄不排湿，或风速过低（变频风机 20～25 赫兹），或排湿迟缓，在雨季极

易发生程度不一的叶柄霉烂现象。一般在烘烤24小时左右开始显现。

(2) 解决办法

① 对阴雨天气采收烟叶，要降低装烟密度、减少编（夹）烟量。根据烟叶含水率情况，烘烤中较正常烟叶降低湿球温度1.0～1.5℃，变黄前期（38℃）风速低速（变频风机30～35赫兹）运行，变黄中期（40℃）风速低速～中速（变频风机35～40赫兹）运行。做到变黄前期不闷炉，采取间歇排湿方法。

② 采用"二氧化氯"和"三氯异氰尿酸"消毒剂熏蒸处理。在烘烤前10～12小时使用消毒剂50倍液对烤房内四周墙壁与地面进行泼洒熏蒸处理，或者将盛有100克消毒剂的铝制容器置于煤炉上加热，进行烟雾熏蒸处理，迅速对烤房密闭5小时，贴上标识。在装烟前2～3小时打开房门进行通风。注意用药安全，喷洒时戴好口罩，通风完好，防止中毒。

③ 在年度烘烤结束后与开始烘烤前，养成清理烤房内霉梗烂叶的习惯，并保持烤房通风干燥。

22. 为何烤后烟叶主脉和1级支脉常带青？如何消减？

(1) 产生原因　烟叶成熟度不够，烟叶变黄不充分，风速设置偏高，定色前期转火过快、升温过急。

(2) 解决方法

① 在干球温度44～48℃进行回炉烘烤。

② 将白酒与清水勾兑喷施叶片，使烟叶含水率达到18%～19%（外观特征：烟叶稍潮，烟筋较韧不易断，叶片柔软，手握时响声微弱）。在烤房温度44℃时，将烟叶用塑料薄膜包好，以每包2.50千克左右放入烤房，在48℃稳温结束时取出，即有主脉含青变轻、支脉含青消退的明显效果。在操作中，要注意烟叶水分含量，过高则颜色加深、发暗，不鲜亮；过低则效果不明显。

23. 为什么立秋降温后烟叶不易烘烤？如何应对？

(1) 产生原因

① 烟叶最佳成熟温度25～28℃，当气温低于20℃时，烟叶很

难达到真正成熟。立秋后昼夜温差明显加大，尤其对上部烟叶成熟造成极大影响，成熟度不够极易产生挂灰现象。

② 立秋后气温下降明显，对于后发烟叶，表面极易形成蜡质层，烘烤时烟叶往往变黄缓慢、保水力强、不易失水，烤后烟叶易产生挂灰。

（2）解决方法

① 提高烟叶成熟度，将鲜烟叶柔软度、粘手感作为烟叶采收的第一判断标准。

② 采取低温预热措施。立秋后，一般白天 20～22 ℃，夜间 13～17 ℃。点火后 4～6 小时升至 36 ℃，稳温 4～6 小时再升温。将 36 ℃作为预热温度，若气温高则预热时间短，若气温低则预热时间长，这样利于叶面气孔缓慢张开，促使结合水的散失排出。

③ 采取"低温高湿充分变黄，中温中湿慢烤定色，高湿低速限温干筋"的烘烤措施。主变温度 38～40 ℃，在 38 ℃稳温时，前期湿球 38 ℃，后期湿球 37 ℃，烟叶变黄 5～6 成、叶片发软、开始凋萎；在 40 ℃稳温时，湿球温度 38 ℃，烟叶变黄 7～8 成、凋萎塌架；在 42 ℃稳温时，湿球温度 37～38 ℃，烟叶变黄 9～10 成、主脉发软、勾尖卷边，高温层干尖 4～5 厘米。转火后，在 44～48 ℃慢升温，干球 44 ℃/湿球 38 ℃（雨后烟叶 37 ℃），高温层干片 15 厘米左右；干球 46 ℃/湿球 38 ℃，干片 1/3 左右；干球 48 ℃/湿球 38 ℃，烟叶全部黄片黄筋、干片 1/2 以上。

（3）注意事项

① 变黄阶段尽量少开烤房门，烟叶变黄程度通过观察窗掌握。在 42 ℃烟叶完成变黄后需要查看烟叶失水程度时，仅开一条能伸进胳膊的小缝，用最快速度触摸叶片并判断烟叶失水状况。

② 定色阶段尽量不开烤房门，减少冷风进入烤房引起局部降温形成"冷挂灰"；同时烧火要稳，升温要准，防止烤房内掉温或温度忽高忽低，导致烤后烟叶挂灰及叶片灰暗不鲜亮。

24. 为何部分烤后烟叶正面颜色正常但背面带青？如何解决？

（1）产生原因

① 中上部烟叶一般正面变黄快、背面变黄慢。变黄中、后期

（40～42 ℃）烟叶凋萎时间偏短，变黄程度不充分，尤其上部烟叶背面比正面变黄时间明显缓慢，这是主要原因。

② 转火后，在 44～46 ℃升温过急过快，没有在 44 ℃、46 ℃温控点适当延长稳温时间。

③ 变黄中、后期（40～42 ℃）与定色前期（44～46 ℃）湿球温度偏低。

（2）解决办法

① 在变黄中、后期要适当延长烟叶凋萎时间，促进烟叶充分变黄，转火前注意烟叶正反两面变黄的一致性；上部烟叶正面变黄后再延时 4～6 小时可有效防止背青现象。

② 变黄后期确保烟叶变黄 9～10 成、主脉发软后方能转火定色。定色前期烧火要稳、升温要准，在 44 ℃、46 ℃、48 ℃温控点分别延长 8～10 小时，使变黄阶段残留的青色及青筋完全消退。

③ 对于正常中、上部烟叶，在变黄中、后期与定色前期禁止设置≤35 ℃的湿球温度。

25. 为何较厚烟叶烤后易挂灰？有哪些应对措施？

（1）产生原因

① 施肥偏多、后发烟、僵硬烟往往田间叶片身份较厚、片大筋粗。

② 叶片较厚往往变黄缓慢、保水力强、不易失水，烟叶变黄与失水不协调，烤后烟叶易青筋青片或挂灰、烤褐。

（2）解决方法

① 提高烟叶成熟度，将鲜烟叶柔软度（叶片柔软）、粘手感（叶片明显粘手）作为烟叶采收的重要判断指标。

② 采取"高温高湿变黄，让温度缓慢升，使湿度逐渐降；低温低湿慢定色，加大定色前期失水干燥程度"的烘烤措施。主变温度 40～42 ℃，若温度过低，烟叶结合水不易散出，烟叶变黄缓慢。在稳温降湿过程中，使湿度逐渐降低。在 40 ℃稳温时，前期湿球 39 ℃（保湿 8～9 小时），中期湿球 38 ℃，后期湿球 37 ℃，让烟叶边失水、边变黄；在 42 ℃稳温时，前期湿球 37 ℃、后期湿球 36～37 ℃，并

加大烟叶干燥程度，使高温层烟叶干尖 6～8 厘米。转火后，采取低温低湿慢升温，干球 44 ℃/湿球 37 ℃（雨后烟叶、僵硬烟叶为 36 ℃），高温层烟叶干片 20 厘米以上；干球 46 ℃/湿球 37 ℃，全炉干片 1/3 以上；干球 48 ℃/湿球 37～38 ℃，全炉烟叶黄片黄筋、干片 1/2 以上。

26. 后发烟株上部烟叶为何先于中部落黄？如何应对？

（1）产生原因

① 这类烟田主要是由施肥过多、移栽偏晚、旺长期干旱、追肥过迟、打顶偏早、烟叶后发等造成。

② 这类烟叶一般在田间生长时间较长，往往上部叶片大筋粗、叶片厚实下垂，株型呈现出"倒伞状"，影响中部烟叶的通风透光。

（2）解决方法

① 尽量提高烟叶成熟度，将鲜烟叶柔软度（叶片柔软）、粘手感（叶片明显粘手）作为烟叶采收的重要判断指标。

② 打破部位限制，采取"先黄先烤"的措施。若上部烟叶已经显露出褪绿泛黄的成熟特征，并且叶片柔软并粘手，可先采上部烟叶进行烘烤，促使中部烟叶落黄。

③ 若中部烟叶落黄缓慢，可提前准备闲置烤房，待霜期临近，在中部烟叶出现褪绿泛黄、叶片柔软粘手、或半柔软半僵硬时，可一次性带茎采收，采取"带茎烘烤"方法。

27. 定色阶段颜色正常烟叶为何到了干筋后期颜色发生变化？

（1）产生原因

① 干筋后期（即 63～68 ℃）烟叶颜色不正常，主要指烤后烟叶发红、发褐、发暗等现象。

② 干筋后期干球温度≥72 ℃或湿球温度＞43 ℃，将导致烟叶烤红。

③ 干、湿球温度传感器出现故障，不能准确显示烤房干、湿温度。烤房内湿球温度忽高忽低，烤后烟叶颜色发暗、不鲜亮。

④ 受外界环境温度或烤房保温性能影响，烤房出现大幅度掉温（降至 60 ℃以下）、掉温时间长（5 小时以上），烟筋内含水分被叶片吸收，导致泅筋泅片，烟筋两边颜色发褐。

（2）解决方法

① 干筋最高温度不得超过 70 ℃，湿球温度不得超过 42 ℃，防止烟叶烤红及致香物质的逸失。

② 每年度烘烤开始前检测温控仪和温度传感器，对于已经使用 7 年及以上的温度传感器进行更换，可有效避免烤房内湿球温度忽高忽低问题。

③ 避免烤房温度长时间稳定或降至 60 ℃以下，只有干球温度≥60 ℃，才能防止泅筋泅片现象的发生。

28. 采收时正常的烟叶为何在烤后出现黑褐色斑点？

（1）产生原因

① 叶片在烟株上已经感染轻度野火病，黄色晕圈在成熟较好的中部烟叶或早衰烟叶上不易发现，烤后黄色晕圈变成黑褐色斑点。

② 采收下二棚或准腰叶时，往往外界气温较高，采后烟叶直接在太阳下暴晒，堆放过高（≥50 厘米）、时间过长（≥7 小时），导致烟堆温度达到 55～60 ℃，造成烟叶高温损伤。

③ 雨后采收或冒雨采收的烟叶，叶片表面附着水分较多，风机吹风时间偏短（仅有 2～4 小时），或关闭房门吹风，烟叶表面附着水分没有充分逸失即进行烘烤。

④ 烤房装烟量过大，变黄阶段风速过小，局部排湿不畅，烤后烟叶易出现黑褐色花片。

⑤ 烤房燃煤设备出现漏烟，造成烟叶"硫中毒"现象（即使黄豆粒般大小漏洞也能造成）。

⑥ 气流上升式烤房，或装烟量过大、或风速偏小、或排湿不畅、或排湿口"百叶窗"面积不够、或房顶保温性能不良出现降温，烤房天花板易附着水珠，滴落后在烟叶上形成大小不一的黑褐色斑点或斑块。

（2）解决方法

① 大田后期应注意叶部病害发生，尤其对野火病、角斑病、赤星病、靶斑病等应及时发现，即时防治。

② 在气温较高季节，烟叶采收后应放置在阴凉处或遮阳网下，堆放高度不得超过 50 厘米，避免烟堆发热损伤鲜烟叶。

③ 对于雨后采收或冒雨采收的烟叶，在烘烤前，应打开烤房门，根据烟叶含水率大小，风机中速或高速（变频风机 40～45 赫兹）运行，交替变换吹风 6～8 小时。

④ 若烤房装烟量过大，应在变黄初期和变黄中期设置风机中速（变频风机 40 赫兹）运行，并每隔 2～3 小时高速（变频风机 45 赫兹）运行 1 小时。

⑤ 对于烤房燃煤设备使用年限过长（≥8 年），在烘烤中或停炉卸烟时，仔细观察叶面或叶尖是否存在"跑烟"现象，也可通过柴草打湿的"沤烟"方式检查。

⑥ 对于气流上升式或气流下降式标准烤房，要确保 2 个排湿口的净面积各达到 40 厘米×40 厘米，避免百叶窗边框占用有效面积，或将排湿口制成内大外小的"喇叭口"状，以利排湿顺畅。

29. 烘烤过程中如何防止"硬变黄"烟叶的产生？

硬变黄是指叶片处于充分膨胀状态下的烟叶失水不足的变黄。硬变黄烟叶不易定色，易烤糟烤褐。

（1）产生原因

① 变黄阶段的变黄温度偏低，使烟叶"闷黄"（捂黄），烟叶失水不足。或变黄阶段湿球温度偏高（＞38 ℃），导致烟叶变黄程度与失水程度不协调。

② 烤房装烟量偏多，烟层杆距偏小，变黄阶段风速偏低，热风循环不畅。气流下降式烤房易导致底层烟叶温度偏低，烟叶失水不足。

③ 烟叶变黄中期（39～40 ℃），烟叶没有达到叶片变软、凋萎塌架。

④ 烟叶变黄后期（41～42 ℃），烟叶没有达到主脉发软、勾尖卷边。

（2）解决方法

① 根据鲜烟素质和烟叶含水率，适当提高烟叶变黄温度，将主

变温度控制在 40～42 ℃，使烟叶边变黄、边失水，促进烟叶变黄程度与失水程度协调一致。

② 装烟量适当，杆距合理。一般下部叶 300～360 杆、杆距 16～18 厘米，中部叶 390～420 杆、杆距 15～16 厘米，上部叶 420～450 杆、杆距 14～15 厘米。

③ 烟叶变黄中期（39～40 ℃），烟叶达到叶片变软、凋萎塌架（主脉两侧叶肉、支脉均已变软，但主脉呈膨硬状）。烟叶失水量相当于烤前含水率的 20%～25%。

④ 烟叶变黄后期（41～42 ℃），烟叶达到主脉发软、略有勾尖卷边（烟叶充分凋萎，主脉变软变韧，叶片充分塌架）。烟叶失水量相当于烤前含水率的 30%～35%。

⑤ 根据装烟量或烟叶含水率灵活确定风速大小，以变黄前期（38 ℃）低速（变频风机 30～35 赫兹）、变黄中期（40 ℃）低速～中速（变频风机 35～40 赫兹）、变黄后期（42 ℃）中速～高速（变频风机 40～45 赫兹）为宜。并在变黄前期每隔 2～3 小时间歇使用高速（变频风机 45 赫兹），每次运行 30～60 分钟。

⑥ 若出现了"硬变黄"，应保持干球温度 42 ℃以下，加大排湿力度，待主脉发软、勾尖卷边后再缓慢升温。避免加大火、猛升温、快排湿、干球温度超过 42 ℃。

30. 从烘烤角度如何改善烤后烟叶香气不足的问题？

（1）产生原因

① 变黄期低温时间偏长、失水不足、养分消耗过大，烤后烟叶香吃味平淡。或湿球温度偏低（≤35 ℃）、失水过多，导致烟叶变黄程度偏低，烤后烟叶伴有明显的苦涩味和青杂气。

② 定色前期湿球温度偏低（≤35 ℃），烟叶失水快、叶片干燥快。烤后烟叶辛辣味重，刺激性强，烟气粗糙。

③ 定色前期湿球温度偏高（>38 ℃），烟叶一直失水缓慢，干燥时间偏长，干物质消耗大。烤后烟叶香味平淡，香气质显著发闷，香味不突出。

④ 定色后期（52～54 ℃）湿球温度偏低（≤38 ℃），稳温时间

偏短（＜6小时），风速偏高（高档或变频风机≥45赫兹），对香吃味影响较大。

⑤ 干筋期干球温度偏高（＞70℃）、湿球温度偏低（≤38℃），风速过高（高档或变频风机≥45赫兹），干燥时间过长，将会造成致香物质大量逸失。烤后烟叶香气量降低明显。

（2）解决方法

变黄期是酝香与产香阶段，主要是大分子有机物质分解转化形成小分子香气物质或香气前体物质；定色期是提香与固香阶段，将香气前体物质聚缩形成香气物质；干筋期是保香阶段，防止香气物质挥发散失，主要是小分子香气物质。

① 变黄阶段。根据鲜烟素质，适当缩短低温变黄时间，在适温适湿条件下延长时间，使烟叶边变黄、边失水，促进烟叶变黄程度与失水程度协调一致，确保烟叶充分变黄，有利于形成较多香气前体物质。

② 定色阶段。定色前期，对于鲜烟素质好的，湿球温度保持37～38℃且稳定，对于鲜烟素质差的，湿球温度保持36～37℃。延长定色后期（52～54℃）的稳温时间8～10小时，有利于香气物质的聚缩形成，对于鲜烟素质好的，湿球温度39～40℃，对于鲜烟素质差的，湿球温度38～39℃，避免湿球温度＜38℃。根据鲜烟素质与烟叶含水率，灵活降低风速至中档（变频风机40赫兹）。

③ 干筋阶段。限制干球温度在68℃以下，在63℃时延长时间10小时左右，直到少数烟叶主脉3～5厘米未干时，再升至最高干筋温度，有利于减少香气物质的挥发逸失。对于鲜烟素质好的，湿球温度保持41～42℃；对于鲜烟素质差的，湿球温度保持39～40℃，避免湿球温度≤38℃。根据鲜烟素质与烟叶含水率，灵活降低风速至低档（变频风机30～35赫兹），缩短高温下的烘烤时间，避免烟叶烤红现象的发生。

31. 对于霜期临近但烘烤没有结束的烟叶该如何处理？

（1）产生原因

① 主要由烟区的气候条件与地貌、纬度、海拔所决定，尤其是

无霜期偏短、春迟秋早的烟区易产生霜期临近但烟叶没有烘烤结束的现象。

② 施肥水平偏高，氮磷钾配比不合理，营养欠协调，易导致烟叶贪青徒长、叶厚片大筋粗。

③ 烟株打顶留叶不合理，或打顶偏早，或打顶过重，或留叶偏少，导致烟叶落黄缓慢。

④ 自大田移栽直至旺长后期，烟田长期持续高温干旱，且烟区缺少灌溉条件。进入成熟期（采烤期）烟区降水增多且频繁，将直接导致烟株后发、贪青晚熟，烟叶迟不落黄，往往造成烟叶采烤进度大大推迟，较正常年份推迟 10～20 天。

（2）解决方法

① 在初霜来临前，立即将田间剩余烟叶采收。对于落黄较好的烟叶，采收后将叶片竖着立放，一般可放置 2～3 天。对于落黄差的烟叶，从烟株底下带茎割断，集中在田间放置，上盖没有烘烤价值的烟叶。若环境气温在 8～11 ℃，烟叶可放置 8～12 天。

② 对于降水后或含水率大的烟叶，要延长吹风时间。打开房门用低速与高速交替吹风，采取低速 1 小时高速 1 小时，吹风持续 6～8 小时，然后停风开门 2 小时，再点火升温。

③ 延长预热温度 36 ℃的时间。点火后 4～6 小时升至 36 ℃，干湿平走，保持 6～8 小时后，按 1 小时 1 ℃升温至 38 ℃稳温，干湿平走，保持 14 小时。

④ 为加快烟叶失水变黄，在干球温度 40 ℃时，前期 10 小时湿球温度保持 39 ℃，后期 10 小时湿球温度保持 38 ℃。

⑤ 为消除烟叶青筋或青片，在 44 ℃、46 ℃、48 ℃温控点上分别稳温 14 小时。

⑥ 若逐叶采收的烟叶成熟度较差，叶片发脆并僵硬，用"黑暴烟烘烤工艺"，并在干球温度 40 ℃时，前期湿球温度保持 39 ℃，稳温 12～14 小时。根据烟叶失水变黄情况，后期湿球温度保持 38～39 ℃。

⑦ 若是烟叶最后一炉烘烤，烤房不急于周转，建议用"带茎烘烤"＋"黑暴烟烘烤工艺"组合进行。

附表　不同类型烟叶烘烤工艺

附表1　下部烟叶"黄柔香"精准烘烤工艺（适用于正常烟叶）

干球温度(℃)	湿球温度(℃)	参考时间(小时)	烟叶变黄程度	烟叶失水程度	参考风速	升温说明
38	38（同歇排湿）	6~8	—	叶尖发暖、出汗	低速、间歇高速	点火后，4小时升至38℃
40	前期38、后期37	12~14	6~7成	凋萎塌架	低速、间歇高速	每2小时升1℃
42	前期37、后期36	14~16	8~9成，9成占70%	主脉变软、干尖6~8厘米	高速	每2小时升1℃
44	36	10~12	40%黄片黄筋	干尖15厘米以上	高速	44~48℃为变筋温度，一
46	37	8~10	80%黄片黄筋	干片1/3	高速	定慢升温。稳好温度。一
48	38	8~10	100%黄片黄筋	干片1/2(小卷筒)	高速	时升1℃
52	39	4~6	—	干片2/3	高速	每2小时升1℃
54	40	8	—	叶片全干(大卷筒)	前期高速、后期低速	每小时升1℃
63	41	10	—	干筋2/3	低速	每小时升1℃
66	41	14	—	烟筋全干	低速	每小时升1℃

成熟采烟　下部烟叶"早"采收。NC55/NC102为6~7成黄。中烟100为5~6成黄。

分类装烟　下部烟叶挂底层，成熟叶挂中间层，过熟叶挂顶层，均匀一致，不留空隙。

编竿装烟量　每竿110~120片，叶背相对；杆距16~17厘米，加大失水程度。气流上升式烤房则相反。气流下降式烤房：欠熟叶挂顶层。装烟量300杆左右。

注意事项：
1. 延长41~42℃的凋萎时间，加大失水程度。
2. 42℃时一定使烟叶失水35%，外观表现：主脉发软、凋萎塌架、干尖6~8厘米。
3. 在44~48℃一定慢升温，每升1℃保温4~5小时，以消除青筋青片。

附表2　下部烟叶"黄柔香"精准烘烤工艺（适用于含水率偏大烟叶）

干球温度（℃）	湿球温度（℃）	参考时间（小时）	烟叶变黄程度	烟叶失水程度	参考风速	升温说明
38	38（同步排湿）或37	4~6	—	叶尖发暖、出汗	低速、间歇高速	点火后，4小时升至38℃
40	前期38、中期37、后期36	12~14	6~7成	调萎塌架	低速、间歇高速	每2小时升1℃
42	36	14~16	8~9成，9成占70%	主脉变软、干尖6~8厘米	高速	每2小时升1℃
44	36	10~12	40%黄片黄筋	干尖15厘米以上	高速	44~48℃为变筋温度，稳好温。
46	37	8~10	80%黄片黄筋	干片1/3	高速	一定慢升温。
48	38	8~10	100%黄片黄筋	干片1/2（小卷筒）	高速	每2小时升1℃
52	39	4~6	—	干片2/3	高速	每2小时升1℃
54	40	8		叶片全干（大卷筒）	前期高速，后期低速	每小时升1℃
63	40	10	—	干筋2/3	低速	每小时升1℃
66	41	14	—	烟筋全干	低速	每小时升1℃

成熟采收	下部烟叶"早"采收。NC55/NC102，中烟100为5~6成黄
分类装烟	气流下降式烤房：欠熟叶挂底层，成熟叶挂中间层，过熟叶挂顶层。气流上升式烤房则相反
编装烟量	每杆110~120片，叶背相对，杆距16~17厘米，均匀一致，不留空隙。装烟量300杆左右
注意事项	1. 延长41~42℃的调萎时间，加大失水程度。 2. 42℃时一定使烟叶失水35%，外观表现：主脉发软、调萎塌架、干尖6~8厘米 3. 在44~48℃一定慢速升温，以消除青筋叶片，每升1℃保温4~5小时

附表3　下部烟叶"黄柔香"精准烘烤工艺（适用于含水率偏小烟叶）

干球温度（℃）	湿球温度（℃）	参考时间（小时）	烟叶变黄程度	烟叶失水程度	参考风速	说明
38	38（同步排湿）	12~16	4~5成	叶片变软，开始凋萎	低速	点火后，6小时后升至38℃
40	38	18~20	6~7成	凋萎塌架	低速	每2小时升1℃
42	前期38，后期37	20~22	9成占80%，10成占20%	主脉变软，匀尖卷边	前期中速、后期高速	每2小时升1℃
44	37	10~12	黄片黄筋	干尖10~12厘米	高速	44~48℃为变筋温度，一定慢升温，稳好温度。每2小时升1℃
46	38	8~10	黄片黄筋	干片1/3	高速	
48	38	8~10	黄片黄筋	干片1/2（小卷筒）	高速	
52	39	8	—	干片2/3	高速	每小时升1℃
54	40	8	—	叶片全干（大卷筒）	中速	每小时升1℃
63	41	10	—	烟筋仅有3~5厘米未干	中速~低速	每小时升1℃
65	42	12	—	烟筋全干	低速	每小时升1℃

成熟采收　下部叶为6~7成黄。叶片柔软，有粘手感

分类装烟　气流下降式烤房：欠熟叶挂底层，成熟叶挂中间层，过熟叶挂顶层，气流上升式烤房则相反

编装烟量　每杆130~140片，叶背相对；杆距13~14厘米，均匀一致，不留空隙，装烟量320~360杆

注意事项　1. 下部叶总烘烤时间要保证在120~132小时。
2. 38℃切记总时间不排湿。
3. 控制38℃结束时的时候，烟叶变黄程度不超过5成

附表 4　中部烟叶"黄柔香"精准烘烤工艺（适用于正常烟叶）

干球温度（℃）	湿球温度（℃）	参考时间（小时）	烟叶变黄程度	烟叶失水程度	参考风速	升温说明
38	38（同步排湿）	10~12	3~4成	烟筋出汗、发暖、变黄	低速、间歇高速	点火后，4小时升至36℃，保温4小时升至38℃
40	38	18~22	7~8成	叶片发软、凋萎塌架	低速、间歇高速	每2小时升1℃
42	前期38、后期37	16~20	9~10成、10成占70%	主脉变软、干尖4~6厘米	高速	每2小时升1℃
44	37	10~12	60%黄片黄筋	干尖12厘米以上	高速	44~48℃为变筋温度，一定慢升温、稳好温。
46	38	8~10	80%黄片黄筋	干片1/3	高速	每2小时升1℃
48	38	8~10	100%黄片黄筋	干片1/2（小卷筒）	高速	每2小时升1℃
52	39	4~6	—	干片2/3	高速	每2小时升1℃
54	40	8	—	叶片全干（大卷筒）	前期高速、后期低速	每小时升1℃
63	41	10	—	仅有主脉4~5厘米未干	低速	每小时升1℃
68	42	14	—	烟筋全干	低速	每小时升1℃

成熟采收	中部烟叶"稳"采收。采收标准为8~9成黄，叶片发软，有粘手感。
分类装烟	气流下降式烤房：欠熟叶挂底层，成熟叶挂中间层，过熟叶挂顶层。气流上升式烤房则相反。
编装烟量	每杆130片，叶背相对；杆距15~16厘米，均匀一致，不留空隙。装烟量340~360杆。
注意事项	1. 延长40~41℃的凋萎时间，加大凋萎程度。2. 42℃时一定使烟叶失水30%~35%，外观表现：主脉发软、凋萎塌架、干尖4~6厘米，每升1℃保温4~5小时。3. 在44~48℃一定慢升温，以消除青筋叶片，以消青除筋。

附表5 中部烟叶"黄柔香"精准烘烤工艺（适用于含水率偏小烟叶）

干球温度（℃）	湿球温度（℃）	参考时间（小时）	烟叶变黄程度	烟叶失水程度	参考风速	说明
38	38（同歇排湿）	16~18	5~6成	叶片变软、开始凋萎	低速	点火后，6~8小时后升至38℃
40	38	18~20	7~8成	凋萎塌架	前期低速、后期中速	每2小时升1℃
42	前期38、后期37	20~22	9~10成	主脉变软、匀尖卷边	前期中速、后期高速	每2小时升1℃
44	前期37、后期38	10~12	黄片黄筋	干尖8~10厘米	高速	44~48℃为变筋温度，一定慢升温，稳好温。
46	38	8~10	黄片黄筋	干片1/3	高速	一定慢升温、稳好温
48	38	8~10	黄片黄筋	干片1/2（小卷筒）	高速	每3小时升1℃
52	39	8	—	干片2/3	高速	每小时升1℃
54	40	8	—	叶片全干（大卷筒）	中速	每小时升1℃
63	41	10	—	烟筋仅有3~5厘米未干	中速~低速	每小时升1℃
68	42	12	—	烟筋全干	低速	每小时升1℃

成熟采收	中部烟叶"稳"采收。采收标准为8~9成黄、叶片发软、有粘手感。
分类装烟	气流下降式烤房；欠熟叶挂底层，成熟叶挂中间层，过熟叶挂顶层。气流上升式烤房则相反。
编装烟量	每杆130~140片，叶背相对，杆距13~14厘米，均匀一致，不留空隙。装烟量300~340杆

注意事项
1. 中部烟叶总烘烤时间控制在144~156小时。
2. 42℃以后升温速率不得大于1℃/3小时。
3. 切忌38℃长时间不排湿。

附表6　中部烟叶 "黄柔香" 精准烘烤工艺（适用于含水率偏大烟叶）

干球温度（℃）	湿球温度（℃）	参考时间（小时）	烟叶变黄程度	烟叶失水程度	参考风速	说明
38	前期38、后期37	8~10	4~5成	叶片变软、开始凋萎	低速	点火后，4~6小时后升至38℃
40	38	18~20	7~8成	调萎塌架	中速	每2小时升1℃
42	前期37、后期36	20~22	9~10成	主脉变软、勾尖卷边	高速	每2小时升1℃
44	前期36、后期37	10~12	黄片黄筋	干尖8~10厘米	高速	44~48℃为变筋温度，一
46	37	8~10	黄片黄筋	干片1/3	高速	定慢升温，稳好温。每3小时升1℃
48	38	8~10	黄片黄筋	干片1/2（小卷筒）	高速	
52	39	8	—	干片2/3	高速	每小时升1℃
54	39	8	—	叶片全干（大卷筒）	高速~中速	每小时升1℃
63	40	10	—	烟筋仅有3~5厘米未干	中速~低速	每小时升1℃
68	41	12	—	烟筋全干	低速	每小时升1.5℃

成熟采烟	雨后中部叶为7~8成黄。叶片略柔软，略有粘手感
分类装烟	气流下降式烤房：欠熟叶挂底层，过熟叶挂中间层，成熟叶挂顶层。气流上升式烤房则相反
编装烟量	每杆120~130片，叶背相对；杆距14~15厘米，均匀一致，不留空隙。装烟量300杆左右
注意事项	1. 中部叶总烘烤时间控制在152~164小时。 2. 在38℃后期要降低湿球1℃。 3. 在42℃、44℃两个稳温阶段后期，降低湿球1℃

附表7 上部烟叶"黄柔香"精准烘烤工艺（适用于正常烟叶）

干球温度（℃）	湿球温度（℃）	参考时间（小时）	烟叶变黄程度	烟叶失水程度	参考风速	升温说明
38	38（同歇排湿）	14~16	4~5成	烟叶出汗、发暖、叶尖，叶缘变黄	低速、同歇高速	点火后，4小时升至36℃，保温6小时升至38℃
40	38	20~22	7~8成	叶片发软、凋萎塌架	低速、同歇高速	每2小时升1℃
42	前期38、后期37	18~20	9~10成、10成占70%	主脉变软，干尖3~4厘米	高速	每2小时升1℃
44	38	10~12	70%黄片黄筋	干尖12厘米以上	高速	44~48℃为变筋温度，一定慢升温，稳好温。
46	38	8~10	90%黄片黄筋	干片1/3	高速	每2小时升1℃
48	38	8~10	100%黄片黄筋	干片1/2（小卷筒）	高速	每2小时升1℃
52	39	4~6	—	干片2/3	高速	每小时升1℃
54	40	8	—	叶片全干（大卷筒）	前期高速、后期低速	每小时升1℃
63	41	10	—	仅有主脉4~5厘米未干	低速	每小时升1℃
68	42	14	—	烟筋全干	低速	每小时升1℃

成熟采烟　上部烟叶"缓"采收。采收标准为9~10成黄，叶尖黄，有粘手感。

分类装烟　气流下降式烤房：大熟叶挂底层，成熟叶挂中间层，过熟叶挂顶层。气流上升式烤房则相反。

编装烟量　每杆135~140片，叶背相对，杆距15~16厘米，均匀一致，不留空隙。装烟量370~380杆

注意事项
1. 延长40~41℃的凋萎时间，加大凋萎程度。
2. 42℃时一定使烟叶失水30%，外观表现：主脉发软，凋萎塌架，干尖3~4厘米。
3. 在44~48℃一定慢升温，以消除青筋叶片，每升1℃保温4~5小时。

附表 8　上部烟叶"黄柔香"精准烘烤工艺（适用于含水率偏小烟叶）

干球温度（℃）	湿球温度（℃）	参考时间（小时）	烟叶变黄程度	烟叶失水程度	参考风速	说明
38	38（同步排湿）	18~20	5~6成	叶片变暖、变软，开始凋萎	低速	点火后6小时升至36℃，保温4小时；然后每小时升1℃至38℃保温
40	前期39，后期38	16~18	7~8成	凋萎塌架	低速	每2小时升1℃
42	前期38，后期37	20~22	9~10成	主脉变软，勾尖卷边	前期中速，后期高速	每2小时升1℃
44	38	14~16	黄片黄筋	干尖6~8厘米	高速	44~48℃为变筋温度，一定缓慢升温，稳好温度。每5~6小时升1℃
46	38	10~12	黄片黄筋	干片1/3（软打筒）	高速	
48	38	8~10	黄片黄筋	干片1/2（小打筒）	高速	每小时升1℃
52	39	8	—	干片2/3	高速	每小时升1℃
54	40	8	—	叶片全干（大打筒）	中速	每小时升1℃
63	41	10	—	烟筋仅有3~5厘米未干	前期中速，后期低速	每小时升1℃
68	42	12	—	烟筋全干	低速	每小时升1℃

成熟采收：上部烟叶"缓"采收。采收标准为9~10成黄。叶片柔软、有粘手感。

分类装烟：气流下降式烤房：欠熟叶挂中底层，成熟叶挂中间层，过熟叶挂顶层，气流上升式烤房则相反。

编装烟量：每杆150~160片，叶背相对；杆距10~12厘米，均匀一致，不留空隙。

注意事项：1.上部烟叶总烘烤时间控制在160~175小时。

2.一定要保证38℃的稳温时间，促进烟叶发汗，减少烤青。

3.44~48℃，升温时间保证在1℃/5~6小时。

附表9　上部烟叶"黄柔香"精准烘烤工艺（适用于含水率偏大烟叶）

干球温度（℃）	湿球温度（℃）	参考时间（小时）	烟叶变黄程度	烟叶失水程度	参考风速	说明
38	38（同缺排湿）	14~16	4~5成	烟叶发暖，叶片开始变软	低速	点火后6小时升至38℃
40	38	18~20	7~8成	凋萎塌架	中速	每2小时升1℃
42	37	20~22	9~10成	主脉变软、勾尖卷边	前期中速、后期高速	每2小时升1℃
44	37	14~16	黄片黄筋	干尖10~12厘米	高速	44~48℃为变筋温度，
46	前期37，后期38	10~12	黄片黄筋	干片1/3（软打筒）	高速	一定慢升温，稳好温。
48	38	8~10	黄片黄筋	干片1/2（小打筒）	高速	每5~6小时升1℃
52	39	8	—	干片2/3	高速	每小时升1℃
54	39	8	—	叶片全干（大打筒）	中速	每小时升1℃
63	40	10	—	烟筋仅有3~5厘米未干	中速	每小时升1℃
68	41	14	—	烟筋全干	低速	每小时升1℃

成熟采收　上部叶为9~10成黄，以9成为主。叶片采软。叶片黄，叶背相对；成熟叶挂中间层，过熟叶挂顶层。

分类装烟　气流下降式烤房：欠熟叶挂底层，成熟叶挂中间层，过熟叶挂顶层。气流上升式烤房则相反。

编装烟量　每杆140~150片，叶背相对；杆距12~14厘米，均匀一致，不留空隙。装烟量370~380杆

注意事项　1. 上部叶总烘烤时间控制在168~180小时。
2. 42℃结束的时候，烟叶失水状态必须达到勾尖卷边。
3. 46℃采用两个湿球温度，促进定色的同时降低烟叶失水速率

附表 10　上部带茎烟叶精准烘烤工艺（适用于降水偏少天气）

干球温度（℃）	湿球温度（℃）	参考时间（小时）	烟叶变黄程度	烟叶失水程度	参考风速	说明
38	38	18~20	5~6 成	烟叶发暖、叶片变软、开始凋萎	低速	点火后 4 小时升至 36℃，保温 4 小时；然后每小时升 1℃升至 38℃保温 38℃
40	38	20~22	7~8 成	凋萎塌架	低速	每 2 小时升 1℃
42	前期 38、后期 37	20~22	9~10 成	主脉变软、勾尖卷边	前期中速、后期高速	每 2 小时升 1℃
44	前期 37、后期 38	14~16	黄片黄筋	干尖 6~8 厘米	高速	44~48℃为变筋温度，一定慢升温，稳好温。
46	38	10~12	黄片黄筋	干片 1/3（软打筒）	高速	每 5~6 小时升 1℃
48	38	8~10	黄片黄筋	干片 1/2（小打筒）	高速	每小时升 1℃
52	39	8	—	干片 2/3	高速	每小时升 1℃
54	40	8	—	叶片全干（大打筒）	中速	每小时升 1℃
63	41	12	—	烟筋仅有 3~5 厘米未干	中速~低速	每小时升 1℃
68	41	14	—	烟筋全干	低速	每小时升 1℃

收获标准	以顶部 2 片达到"叶面 90%~100%淡黄色、主脉基本变黄"进行一次性带茎砍收。叶片柔软、有粘手感
收获时间	正常天气 10：00 后进行，多雨季节 15：00 开展。烤后质量达不到 B3F 等级烟叶作弃烤处理
编装烟量	干旱天气每杆 35~38 株，多雨天气 32~35 株。干旱天气杆距 14~16 厘米，以不折断叶脉为原则，均匀密装
注意事项	1. 带茎烘烤总烘烤时间控制在 170~185 小时。 2. 在 42℃烟叶达到 9 成黄的时候，降低湿球温度 1℃，继续稳温至烟叶基本全黄

附表 11　上部带茎烟叶精准烘烤工艺（适用于降水偏多天气）

干球温度（℃）	湿球温度（℃）	参考时间（小时）	烟叶变黄程度	烟叶失水程度	参考风速	说明
38	前期38，后期37	14~16	4~5成	烟叶发暖，叶片变软	低速	点火后6小时升至38℃
40	37	18~20	7~8成	凋萎塌架	低速	每2小时升1℃
42	前期37，后期36	20~22	9~10成	主脉变软，勾尖卷边	前期中速、后期高速	每2小时升1℃
44	37	14~16	黄片黄筋	干尖10~12厘米	高速	44~48℃为变筋温度，一定慢升温、稳好温。
46	37	12~14	黄片黄筋	干片1/3（软打筒）	高速	每5~6小时升1℃
48	37	10~12	黄片黄筋	干片1/2（小打筒）	高速	每5~6小时升1℃
52	38	8	—	干片2/3	高速	每小时升1℃
54	39	10	—	叶片全干（大打筒）	中速	每小时升1℃
63	40	14	—	烟筋仅有3~5厘米干	中速~低速	每小时升1.5℃
68	41	16	—	烟筋全干	低速	每小时升1.5℃

砍收标准　以顶部2片达到"叶面90%～100%淡黄色，主脉基本变白"进行一次性带茎砍收。叶采软，有粘手感

砍收时间　正常天气10：00后进行，多雨季节15：00后开中蒸。烤后质量达不到B3F等级烟叶作弃烤处理

编装烟量　干旱天气每杆35～38株，多雨天气32～35株。多雨天气杆距15～17厘米，以不折断叶脉为原则，均匀密装

注意事项　1. 带茎烘烤总烘烤时间控制在180～195小时。
2. 若采收前烟叶表面有明水，则在38℃前期需将烟叶表水吹干

附表 12　上部烟叶精准烘烤工艺（适用于缺铁烟叶）

干球温度（℃）	湿球温度（℃）	参考时间（小时）	烟叶变黄程度	烟叶失水程度	参考风速	升温说明
38	38（间歇排湿）	8~10	3~4 成	烟叶出汗、发暖，叶缘发黄	低速、间歇高速	点火后，4 小时升至 36℃，保温 4 小时后升至 38℃
40	38	20~22	7~8 成	叶片发软、凋萎塌架	低速、间歇高速	每 2 小时升 1℃
42	前期 38，后期 37	18~20	9~10 成、10 成占 70%	主脉变软、干尖 8~10 厘米	高速	每 2 小时升 1℃
44	37	10~12	60% 黄片黄筋	干尖 15 厘米以上	高速	44~48℃为变筋温度，一定慢升温，稳好温度。
46	37	8~12	80% 黄片黄筋	干片 1/3	高速	一定慢升温，稳好温度。
48	38	8~10	100% 黄片黄筋	干片 1/2（小卷筒）	高速	每 2 小时升 1℃
52	38	4~6	—	干片 2/3	高速	每 2 小时升 1℃
54	39	8	—	叶片全干（大卷筒）	前期高速、后期低速	每小时升 1℃
63	39	10	—	仅有主脉 4~5 厘米未干	低速	每小时升 1℃
68	40	14	—	烟筋全干	低速	每小时升 1℃

成熟采收　上部烟叶采收标准为 9~10 成黄，欠熟叶发软，叶片发软，有粘手感。

分类装烟　气流下降式烤房：欠熟叶挂底层，成熟叶挂中间层，过熟叶挂顶层。气流上升式烤房则相反。

编装烟量　每杆 135~140 片，叶背相对，杆距 15~16 厘米，均匀一致，不留空隙。装烟量 370~380 杆

注意事项　1. 延长 40~41℃的凋萎时间，加大凋萎程度。
2. 42℃时一定使烟叶失水 35%，外观表现：主脉发软，凋萎塌架，干尖 4~6 厘米。
3. 在 44~48℃一定慢升温，以消除青筋黄片，每升 1℃保温 4~5 小时。

附表 13　黑暴烟叶精准烘烤工艺（适用于后发脆硬烟叶）

干球温度（℃）	湿球温度（℃）	参考时间（小时）	烟叶变黄程度	烟叶失水程度	参考风速	说明
38	38	6	—	叶片出汗、叶尖变软	低速	点火后，4～6小时升至38℃
40	前期39，后期38	22～24	6～7成	叶片发软、凋萎塌架	低速	每2小时升1℃
42	前期38，后期37	32～34	8～9成	主脉变软、干片1/3	前期中速、后期高速	每2小时升1℃
44	35～36	30～32	黄片青筋占2成、黄片黄筋占8成	干片1/2（小卷筒）	高速	每2小时升1℃
46	35～36	16～18	黄片黄筋	干片2/3	高速	每2小时升1℃
48	36～37	14～16	—	干片4/5	高速	每2小时升1℃
50	37	8～10	—	叶片全干（大卷筒）	高速	每2小时升1℃
52	38	6	—	—	前期高速、后期中速	每小时升1℃
63	39	10	—	干筋4/5	中速	每小时升1.5℃
68	39～40、40	16	—	全部干筋	低速	每小时升1.5℃

烟叶采收　1. 受环境温度与季节影响，烟叶呈现黄绿色，落黄7～8即可采收；落黄叶挂中间层，过熟叶挂顶层，有粘手感作为上部烟叶采收重要判别标准。
2. 14:00左右进行采收。

分类装烟编装烟量　气流下降式烤房：欠熟叶挂底层，成熟叶挂中间层，杆距12～14厘米，均匀一致。气流上升式烤房则相反。
每杆130～150片，叶背相对；叶距烤烟总烘烤时间控制在175～190小时。装烟量320～360杆。

注意事项　1. 上部后发或黑暴烟叶总烘烤时间控制在175～190小时。
2. 烟叶装炉后，放置一夜，第二天点火烘烤。
3. 该烘烤工艺也适用于采收成熟度不足的烟叶烘烤。

附表 14　上部后发烟叶精准烘烤工艺（适用于半柔软＋半僵硬烟叶）

干球温度（℃）	湿球温度（℃）	参考时间（小时）	烟叶变黄程度	烟叶失水程度	参考风速	升温说明
38	38（同歇排湿）	10～12	—	烟叶发暖，出汗	低速，间歇高速	点火后，6小时升至36℃，稳温4小时升至38℃
40	前期39，后期38	20～24	6～7成	叶片发软	低速，间歇高速	每2小时升1℃
41	前期38，后期37	14～16	7～8成	调萎塌架	低速～中速	每2小时升1℃
42	前期37，后期36	18～20	9～10成	主脉变软，顶棚干尖15厘米以上	高速	每2小时升1℃
44	37	10～12	全房60%黄片黄筋	干尖20厘米以上	高速	每2小时升1℃
46	37	8～10	全房80%黄片黄筋	底棚干片1/3	高速	每2小时升1℃
48	38	8～10	全房100%黄片黄筋	全炉干片1/2以上	高速	每2小时升1℃
52	39	8	—	全炉干片2/3以上	高速	每2小时升1℃
54	39	12	—	叶片全干	高速～中速	每2小时升1℃
63	40	10	—	叶柄3～5厘米未干	低速	每小时升1℃
65～68	41	14	—	烟筋全干	低速	每小时升1℃

分类装烟　气流下降式烤房；大熟叶挂底层，成熟叶挂中间层，过熟叶挂顶层。气流上升式烤房则相反。

编装烟量　编烟数量为130～140片/杆，装烟量为350～380杆/炉。夹烟数量为11～12千克/夹，装烟量为300～320夹/炉。

注意事项
1. 烘烤原则为"高温保湿变黄，边变黄边排湿，低温干燥定色"。
2. 42℃时使顶层叶片干燥15厘米以上才能转火。
3. 在43～46℃一定慢升温，以0.5℃/小时升升温，消除烟筋含青。

附表15 上部后发烟叶精准烘烤工艺（适用于叶片片僵硬+蜡质层烟叶）

干球温度（℃）	湿球温度（℃）	参考时间（小时）	烟叶变黄程度	烟叶失水程度	参考风速	升温说明
38	38（同歇排湿）	8~10	—	烟叶发暖，出汗	低速，同歇高速	点火后，6小时升至36℃。稳温4小时升至38℃
40	前期39，后期38	22~26	6~7成	叶片发软	低速，同歇高速	每2小时升1℃
41	前期38，后期37	14~16	7~8成	调萎塌架	低速~中速	每2小时升1℃
42	前期37，后期36 或35	20~22	9~10成	主脉变软，顶棚干尖15厘米以上	高速	每2小时升1℃
43	36~37	14~20	全房60%黄片黄筋	干尖20~25厘米	高速	每2小时升1℃
44	37	12~14	全房80%黄片黄筋	底棚干片1/3	高速	每2小时升1℃
46	37	10~12	全房100%黄片黄筋	全炉干片1/2以上	高速	每2小时升1℃
48	38	10~12	—	全炉干片2/3以上	高速	每2小时升1℃
50	39	10~12	—	叶片全干	高速~中速	每2小时升1℃
63	40	8	—	叶柄3~5厘米未干	低速	每小时升1℃
65~68	42	12	—	烟筋全干	低速	每小时升1℃

分类装烟　气流下降式烤房：大熟叶挂底层，成熟叶挂中间层，过熟叶挂顶层。气流上升式烤房则相反。

编装烟量　编烟数量为130~140片/杆，装烟数量为350~380杆/炉，夹烟数量为11~12千克/夹，装烟量为300~320夹/炉。

注意事项　1. 烘烤原则为"高温保湿变黄，边变黄边排湿，低温干燥定色"。

2. 42℃时使顶层叶片干燥15厘米以上才能转火。

3. 在43~46℃一定慢升温，以0.5℃/小时升温，消除烟筋含青。

下部烟叶不同成熟度

中部烟叶不同成熟度

上部烟叶不同成熟度

田间缺镁烟叶

除草剂药害烟叶

田间靶斑病症状

软变黄（要实现）　　　　　　　　　硬变黄（要避免）

烤　青

冷挂灰

热挂灰

上部欠熟挂灰　　　　　　　　　　上部蜡质挂灰

采青挂灰

缺镁叶色灰暗并轻度挂灰

中部缺镁轻度挂灰并青筋

中部缺镁挂灰

下部缺镁挂灰

上部缺镁挂灰

蒸片烟叶

烤糟烟叶

"米根霉"叶柄霉烂　　　　　　　"米根霉"腐烂烟

吹风不够造成花片

泅筋泅片

活筋叶片

"PVY"病害叶片

烤红烟

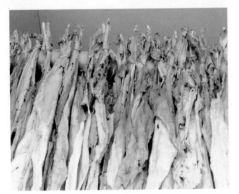

促青烟

烤房漏烟 (CO 和 SO_2 中毒)

平滑烟叶

僵硬烟叶

青岛带茎烘烤对照

青岛带茎烘烤示范